우주학당 강의 노트

블랙홀과 우주론

블랙홀 박사
박석재 지음

우주학당 강의 노트

블랙홀과 우주론

초판 1쇄 발행 2023년 2월 15일

글쓴이   박석재

편집   임은경
디자인   이현미

펴낸이   이경민
펴낸곳   ㈜동아엠앤비
출판등록   2014년 3월 28일(제25100-2014-000025호)
주소   (03972) 서울특별시 마포구 월드컵북로22길 21, 2층
홈페이지   www.dongamnb.com
전화   (편집) 02-392-6903   (마케팅) 02-392-6900
팩스   02-392-6902
SNS   🅕 🅞 🅑🅛�
전자우편   damnb0401@naver.com

ISBN   979-11-6363-378-5 (43440)

우주학당 강의 노트

블랙홀과 우주론

블랙홀 박사
박석재 지음

동아엠앤비

블랙홀과 우주론에 대해 보통 사람들에게 이야기하는 일은 정말 어렵다. 왜냐하면 둘 다 난해한 아인슈타인의 상대성이론에 바탕을 근거를 두고 있기 때문이다. 책을 재미있고 쉽게 만들기 위해 '우주신령과 제자들'을 도우미로 고용했다. 이 만화는 '어린이 과학동아'에 인기리에 연재된 바 있다.

공부하러 왔다고?

학동들 반갑네,
스승님께서
직접 가르치시나?

어서 와!
우주학당은 처음이지?

과학기술의 신이 있다면 꼭 서양 사람의 모습을 하고 영어로 말할 것 같이 느껴지지 않는가? 과학이 남의 것처럼 느껴지는 분위기에서 위대한 과학자들이 나오기 어렵다고 생각한다. 나는 이 만화를 통해 우리 할아버지의 모습을 한 신령들이 우주를 가지고 노는 모습을 보여주고 싶었다. 그리하여 과학이 우리 것 같은 느낌을 줄 수 있도록 말이다.

우주신령은 가장 높고 우주의 구조와 진화를 담당한다. 가슴에 태극 그림을 달고 있다. 근엄하지만 때때로 엄청나게 웃기기도 한다. 항상 들고 있는 나무 지팡이로 못 하는 일이 없다.

누가 나를
싫어해?

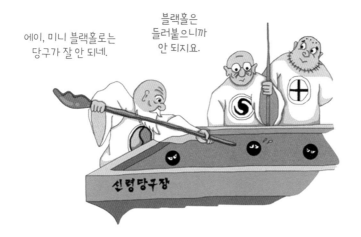

에이, 미니 블랙홀로는
당구가 잘 안 되네.

블랙홀은
들러붙으니까
안 되지요.

은하신령은 별과 은하의 세계를 담당한다. 꽁생원과 같은 면이 있지만 우주신령의 수제자로서 가슴에 은하 그림을 달고 있다. 우주신령을 정말 잘 보필한다. 그리고 지구신령에게는 더없이 좋은 우주학당 선배다. 하지만 유성우 만들기처럼 재미있는 일들을 빼앗아 지구신령의 반감을 사고 있다.

그래, 준비됐나?

별을 폭발시킬
시간입니다.

더 많이 뿌려야지!

재미있는 건 꼭
자기가 해요.

　　지구신령은 지구와 태양계를 담당하고 있으며 궂은일을 도맡아 하는
막내다. 이 블랙홀과 우주론 강의는 우주학당에서는 비교적 쉬운 것이어서
지구신령이 담당했다.

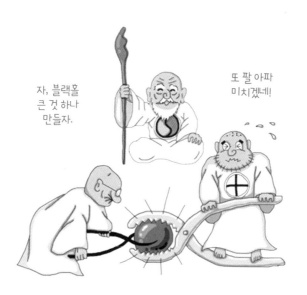

우주신령과 제자들은 우리 민화에 나오는 산신령 이상도, 이하도 아니니 종교적, 문화적 억측이 없기를 바란다. 유쾌한 세 신령과 함께 블랙홀과 우주론을 공부해 보자. 저자 실력이 모자라 여자 신령들을 그리지 못해 여성 독자들에게 미안하다.

이 책의 특징은 천체 사진이 한 장도 없다는 점이다. 천체 사진 없는 천문학책에 도전한다고나 할까. 사진이 들어가면 미려해지고 더 많이 팔린다는 사실을 모르는 바 아니나, 독자가 순수하게 이론을 즐기고 집중할 수 있도록 하기 위해서다.

이 책을 끝까지 읽으면 행복하고 즐거울 것이다. 쉽고 재미있게 읽다 보면 독자는 자기도 모르게 블랙홀과 우주론을 어려운 수학 없이 이해하게 될 것이다. 특히 마지막 부분에는 정말 어려운 내용도 포함돼 있음을 밝혀 둔다.

안녕!

여러분의 교육을 맡게 된 지구신령 훈장이야. 이번에 스승님의 명을 받아 학동 여러분을 가르치게 됐어.

나도 어엿한 신령이니까 너무 깔보지 말라고. 일단 나를 소개하자면……, 그동안 가짜 혜성도 몇 개 만들었지. 지구에서 지낼 때는 심심하거든. 나중에 보니 세계 천문학계가 뒤집혔더라.

이제 내가 누군지 알겠지? 이름이 지구신령이어서 내가 지구 일만 관여하는 줄 오해하는 학동들이 많아. 팽창우주는 누가 만들었는지 알아? 그것도 나야. 천문학자들이 우주를 관측할 때마다 우주를 키웠지. 물론 스승님께서 시켜서 했지만.

이번 수업을 맡고 준비를 많이 했어. 일식으로 상대성이론을 증명하기 위해 대한민국에서 일어나도록 달의 위치도 맞춰 놨어. 잘했지?

블랙홀과 우주론에 관한 쉬운 책은 꼭 필요한 실정이야. 왜냐하면 현대를 살아가는 사람이라면 누구나 이에 대해 조금은 알아야 하기 때문이지. 만일 다음 중 두 항목 이상 해당하면 이 책을 읽지 않아도 좋아.

- 나는 블랙홀이라는 말을 지금까지 살아오면서 세 번 이상 듣지 못했다.
- 나는 내가 현재 우주시대를 살아간다고 생각하지 않는다.
- 나는 아인슈타인과 같은 천재들이 우주의 신비에 대해 무엇을 밝혀냈는지 전혀 궁금하지 않다.
- 나는 SF 영화를 단 한 편도 본 적이 없다.
- 나는 천문학자나 물리학자를 싫어한다.
- 나는 블랙홀이나 우주론 이야기만 들으면 정신이 몽롱해지거나 행동이 이상해진다.

두 항목 이상 해당하지 않지? 그럼 당신은 선택의 여지가 없어. 이 책을 읽는 수밖에. 책을 재미있게 만들기 위해서 여행기 '코스모스 군도 여행'을 같이 실었는데 사실 본문보다 더 어려워. 일부러 하와이 비슷하게 섬들을 배치했지.

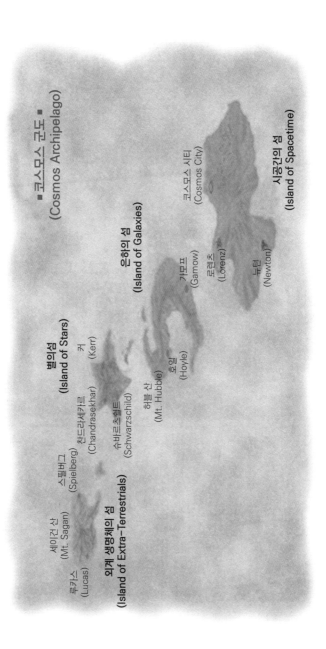

코스모스 군도 ■
(Cosmos Archipelago)

코스모스 시티
(Cosmos City)

시공간의 섬
(Island of Spacetime)

은하의 섬
(Island of Galaxies)

가모프
(Gamow)

로렌츠
(Lorenz)

뉴턴
(Newton)

별의섬
(Island of Stars)

커
(Kerr)

찬드라세카르
(Chandrasekhar)

슈바르츠쉴트
(Schwarzschild)

호일
(Hoyle)

허블 산
(Mt. Hubble)

스필버그
(Spielberg)

세이건 산
(Mt. Sagan)

외계 생명체의 섬
(Island of Extra-Terrestrials)

루카스
(Lucas)

언뜻 보면 평범한 여행기 같지만 10의 거듭제곱 정도 수학을 이용하고 있지. 본문과 어울리게 일부러 세 부분으로 나눠서 배치했어. 처음 이 책을 읽을 때는 그냥 넘어가도 아무 문제가 없어. 사실 나도 조금 어렵더라. 수식도 몇 개 나오고…….

지구신령

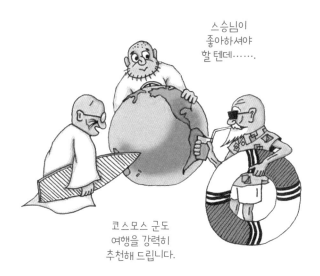

스승님이
좋아하셔야
할 텐데…….

코스모스 군도
여행을 강력히
추천해 드립니다.

상대성이론이란 무엇인가

특수상대성이론과 일반상대성이론

　내가 봤을 때 역사를 통해 지구에서 가장 훌륭한 천재는 단연 아인슈타인(Einstein)이야. 그가 없었더라면 오늘날 지구 문명 수준은 뉴턴(Newton) 시대에 머물러 있을 거야. 지구신령인 나로서도 정말 고마워. 그런데 가끔 녀석이 얄밉기도 해.

예, 중력 때문입니다!

$E=mc^2$

녀석, 아는 것도 많네……

시공간이 휘는 이유가 뭐지?

상대성이론에는 특수상대성이론과 일반상대성이론 두 가지가 있어. 이름으로 봐서는 '특수'가 들어가는 특수상대성이론이 일반상대성이론보다 훨씬 더 어려워 보이지만 실제로는 정반대야. 특수상대성이론은 '특수한' 경우에만 적용되는 쉬운 이론이고 일반상대성이론은 '일반적으로' 적용되는 어려운 이론이라고 보면 돼.

실제로 특수상대성이론은 1905년에 발표됐고 일반상대성이론은 그보다 10년 뒤인 1915년에 발표됐지. 특수상대성이론은 다른 물리학자들과 아인슈타인과의 공동작품이라고 보는 것이 타당해. 하지만 일반상대성이론은 거의 아인슈타인 혼자의 힘으로 이루어졌지.

정말 아인슈타인은 대단한 녀석이야. 그래서 가끔 수업 시간이 무서워. 그 녀석 때문에 스승님께 맞은 적도 있으니까……

물리학을 완전히 바꿔버린 특수상대성이론의 출발도, 처음에는 한심하게 들리는, 순수한 시간과 공간에 대한 의문으로 시작됐어. 예를 들면, '버스가 내 앞을 지나갈 때 그 버스 안에 흐르는 시간과 내 시간은 같은가?' 질문에 답하는 것이 특수상대성이론이야. 이 질문에 대한 정답은 '다르다'야.

앞으로 한심한 질문을 자주 하는 어린이를 보면 물리학자나 천문학자로 대성할 재목이라고 봐야 해. 예를 들면 다음과 같은 질문들이지.

- 해는 왜 서쪽에서 뜨면 안 돼?
- 해를 파란색으로 그리면 안 돼?
- 빨간 별은 술에 취한 별이야?

여기서 특수상대성이론은 '시간＋공간'의 이론임을 쉽게 알 수 있어. 물질은 전혀 고려하지 않았기 때문이지. 이처럼 시간과 공간은 서로 독립돼 있지 않고 항상 같이 변해. 그래서 상대성이론에서는 시간과 공간을 묶어서 시공간이라고 불러. 또한 3차원 공간에 1차원 시간이 합쳐졌다는 개념으로 4차원 시공간이라고도 해. 쉽지?

특수상대성이론의 결과로 유명한 공식 $E=mc^2$이 등장해. 여기서 E는 에너지, m은 질량, c는 광속을 의미하므로 에너지는 질량으로, 질량은 에너지로 서로 전환될 수 있어. 광속의 제곱이 곱해지므로 작은 질량이라도 큰 에너지를 낼 수가 있는 것이지. 이것은 바로 우리 인간이 제조하고 있는 원자폭탄, 수소폭탄의 원리이기도 해.

포기하지 말고 일단 계속 읽어봐. 그럼 감이 잡힐 거야. 한글 읽을 수 있지?

중력은 휜 시공간

역시 한심하게 들리는 '천체 주위에서 흐르는 시간과 내 시간은 같은가?' 같은 질문에 답하는 것이 일반상대성이론이야. 일반상대성이론은 '시간+공간+물질'에 관한 이론이어서 '시간+공간'의 이론인 특수상대성이론보다 훨씬 더 어렵지.

물질은 해, 달, 별, 은하와 같은 천체를 이루며 중력을 행사하므로 일반상대성이론은 새로운 중력이론이 돼. 아인슈타인의 상대성이론이 전통적으로 내려오던 뉴턴의 중력이론과 가장 크게 다른 점은, 질량이 시공간을 휘게 해 중력장이 형성된다고 보는 관점이야. 뉴턴의 중력이론에서는 물체가 천체의 중력에 이끌려서 천체를 향해 떨어진다고 해석했지.

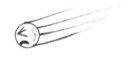

그만 좀 잡아당겨!

일반상대성이론에서는 물체가 천체의 중력이 휘어 놓은 시공간 안에서 운동한 결과로 천체에 떨어진다고 풀이해. 예를 들어 얇은 고무 막에 무거운 구슬(천체)을 올려놓으면 고무 막은 휘게 될 거야. 무거운 구슬에 의해 휘어 있는 고무 막에다가 작고 가벼운 구슬(물체)을 또 굴리면 구슬은 큰 구슬 쪽으로 돌면서 굴러 떨어지게 되지. 중력장 주변에서 빛이 휘는 현상도 이처럼 자연스럽게 설명할 수 있어. 쉽지?

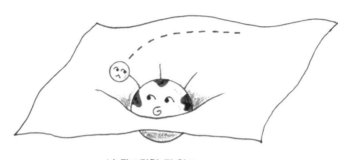

난 잡아당긴 적 없어.
시공간을 휘어 놓았을 뿐이야.

뉴턴 이론에서는 빛(광자)은 질량이 없으므로 중력에 의해 영향을 받을 이유가 전혀 없어. 하지만 상대성이론에서는 빛이 휜 시공간을 진행하면 저절로 궤적이 휘게 돼 아무런 문제가 없지. 빛은 두 점 사이의 최단 거리를 여행하는데 휜 시공간에서 그 궤적은 직선이 아니야.

야, 블랙홀
중력 때문에 스승님
지팡이도 휘네.

엄청나게 어려운 방정식

일반상대성이론은 방정식 한 개로 정리돼. 공식 $E=mc^2$ 보다 몇 배, 몇 십 배나 더 많이 우주의 비밀을 간직한 그 방정식은 대부분 과학자가 도저히 이해할 수가 없었지. 왜 그랬을까?

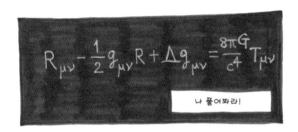

$$R_{\mu\nu} - \frac{1}{2} g_{\mu\nu} R + \Delta g_{\mu\nu} = \frac{8\pi G}{c^4} T_{\mu\nu}$$

나 풀어봐라!

① 과학자들이 머리가 나빠서

② 문제를 풀 종이가 없어서

③ 재미가 없어서

④ 수학적으로 복잡해 어렵고 상식과 동떨어진 주장이어서

선택형 객관식 문제를 많이 풀어 봤기 때문에 대체로 길고 자세한 답이 정답이라는 것 정도는 한눈에 알겠지? 다른 답도 조금씩 일리는 있지만 정답은 ④번이야.

아인슈타인이 그 방정식을 발표한 1915년 바로 다음 해인 1916년, 슈바르츠실트(Schwarzschild)라는 독일 과학자는 아인슈타인에게 자기가 그 방정식을 답을 하나 얻었다고 편지를 보냈어. 슈바르츠실트는 그 답을 구하자마자 결핵으로 바로 죽었으니 정말 애석한 일이야.

슈바르츠실트 답을
구하라고 했더니…….

$$\frac{d^2x^\lambda}{ds^2} + \Gamma^\lambda_{\mu\nu}\frac{dx^\mu}{ds}\frac{dx^\nu}{ds} = 0$$

$$x^1 = R, \quad x^2 = \varphi$$

$$d^2R$$

지구신령 녀석,
나보다 더 잘하네.

　　슈바르츠실트가 푼 답에 의하면 해 주위를 지나는 빛은 중력 때문에 볼록렌즈를 통과한 빛과 같이 휘어야 해. 그러나 휘는 각도는 너무 작아서 $1°$의 약 1,800분의 1밖에 되지 않아. 이런 개념으로부터 '중력렌즈'란 말도 태어났지.

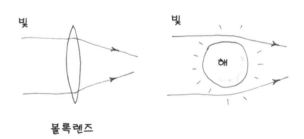

빛　　　　　　　　빛

해

볼록렌즈

일식으로 증명한 상대성이론

빛이 휜다는 것은 당시로서는 상상도 할 수 없는 일이었지. 그래서 대부분 과학자는 일반상대성이론의 결과에 대해 의심을 잔뜩 하고 있었어. 그러자 이를 증명하기 위해 1919년 에딩턴(Eddington)이라는 영국의 천문학자가 주축이 된 일식 관측 팀이 아프리카로 떠났지. 그리고 아인슈타인과 슈바르츠실트가 옳다는 사실을 증명하게 됐어.

에딩턴은 어떻게 일식을 이용해 증명했을까? 그 해답의 열쇠는 일식이 일어나면 낮에도 별들을 볼 수 있다는 사실에 있어. 일식에는 달이 해의 일부만 가리는 부분일식과 달이 해를 완전히 가리는 개기일식이 있지. 개기일식이 일어나는 지역은 지극히 제한돼 있어서 에딩턴도 아프리카로 떠날 수밖에 없었던 것이야.

개기일식이 일어나면 보름달이 떠 있는 밤처럼 어두컴컴해지고 밝은 별들이 보여. 이때 별들의 겉보기 위치는 아인슈타인과 슈바르츠실트가 옳다면 실제 위치보다 해로부터 더 멀리 떨어져 있어야 해. 에딩턴은 이런 현상을 실제로 관측해서 해 주위에서 빛이 휜다는 사실을 증명할 수 있었지.

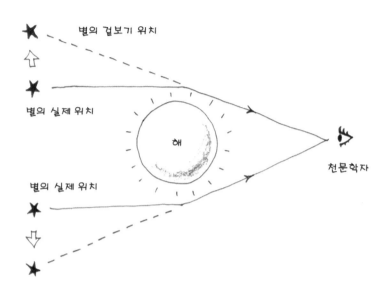

별의 겉보기 위치

별의 실제 위치

별의 실제 위치

해

천문학자

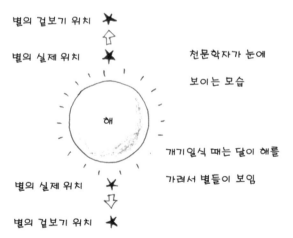

별의 겉보기 위치

별의 실제 위치

천문학자가 눈에

보이는 모습

해

개기일식 때는 달이 해를

가려서 별들이 보임

별의 실제 위치

별의 겉보기 위치

설마 벌써 포기한 학동 없지?

🌑 **특수상대성이론은 '시간 + 공간'의 이론이다.**

- 여러 과학자의 업적에 토대를 두고 있으며 1905년 아인슈타인에 의해
  서 제안되었다. 유명한 공식 $E=mc^2$ 이 나오게 되었다.

🌑 **일반상대성이론은 '시간 + 공간 + 물질'의 이론이다.**

- 물질은 중력을 행사하며 시공간을 휘게 만든다는 것이 이론의 핵심으
  로 1915년 아인슈타인에 의해 독창적으로 제안되었다.
- 슈바르츠실트는 1916년 아인슈타인 방정식을 풀고 해 주위에서 빛이
  휘어야 함을 보였다.

🌑 **일반상대성이론은 개기일식으로 증명된다.**

- 에딩턴은 1919년 개기일식을 관측하여 아인슈타인과 슈바르츠실트
  가 옳다는 것을 증명했다.

2

미운 오리 새끼 블랙홀

천체 탈출속도

하늘로 돌을 여러 번 던져 봐. 물론 번잡한 도시에서 던지면 여러 가지 부작용이 따를 수 있으니까 아무도 없는 시골의 넓은 벌판에 가서 던져야 해. 사실 시골까지 가지 않고 상상만 해도 돼. 돌은 매번 떨어질까? 혹시 천 번쯤, 아니 만 번쯤 수직으로 던지면 한 번 정도는 돌이 지구 밖으로 날아가 버리지 않을까?

정말 의심스럽다고? 캐나다의 누구는 지구 밖으로 돌을 던져서 기네스북에 올라 있다고? 절대 아니야. 돌을 지구 밖으로 던지려면 공기가 없다고 가정할 때 초속 11.2km 이상 속도로 던져 올리는 힘이 있어야 해. 프로야구 투수들이 초속 40m 남짓 던지고 있다는 점을 고려하면 이는 완전히 불가능한 일이야. 사실 캐나다의 누가 어쨌다는 말도 내가 금방 지어낸 말이지.

초속 11.2km를 지구 탈출속도라고 불러. 이것은 총알 속도보다도 훨씬 크지. 지구를 탈출하는 데에 왜 이렇게 빠른 속도가 필요할까? 이는 지구의 중력이 워낙 세기 때문이야. 중력이 뭔지는 알겠지? 허공에 떠 있는 돌을 밑에서 잡아당겨 떨어뜨리는 힘이 바로 중력이야.

지구의 중력이 우리를 얼마나 세게 잡아당기나 재어 보는 것이 바로 몸무게야. 즉 지구가 애착을 많이 가진 사람은 몸무게가 더 많이 나가는 거지. 따라서 우리도 지구를 사랑하려면 일단 뚱뚱해져야⋯⋯. 이건 아니고, 어쨌든 몸무게도 밑으로 누르는 힘이야. 여러분이 동생 위에 올라타면 밑에서 '캑, 캑' 소리가 나는 것도 바로 이 때문이지.

달 표면의 중력은 지구의 1/6밖에 되지 않기 때문에 사람의 몸무게도

와, 몸과 마음이 가볍도다!

일어나지도 못하겠네.

1/6로 줄어. 즉 지구에서 체중이 60kg인 사람인 달에 가면 10kg밖에 되지 않아. 따라서 달 표면에 도착한 우주인들은 가볍게 뛰어다닐 수 있는 것이지.

해 표면의 중력은 지구의 30배나 되기 때문에 사람의 몸무게도 30배가 돼. 즉 지구에서 체중이 60kg인 사람은 해에 가면 1,800kg=1.8t이 돼! 죽지 않고 해 표면에 도착했다 하더라도 평생 단 한 발짝도 걸을 수 없게 되는 것이지.

빛도 탈출하지 못하는 블랙홀

앞에서 중력이 강한 천체는 큰 탈출속도를 갖는다는 사실을 알게 됐어. 그렇다면 중력이 굉장히, 매우, 엄청나게 강한 천체가 있다면 탈출속도는 우주에서 생각할 수 있는 가장 큰 속도인 광속, 즉 초속 300,000km가 되지 않을까? 또 하나의 한심한 질문이 천문학과 물리학의 역사를 완전히 바꾸어 놓았어.

위와 같은 생각을 1783년 기록으로 남긴 사람은 영국의 미첼(Michell)이야. 프랑스의 라플라스(Laplace)도 몇 년 뒤 비슷한 제안을 했대. 그런 천체의 표면에서는 빛도 탈출할 수 없으니까 냉장고, 세탁기, 식기 세척기…… 등도 결코 탈출할 수 없어. 빛도 탈출할 수 없으니 우리 눈에는 검게 보일 것이므로 'black'이고, 모든 것을 빨아들이는 구멍처럼 보일 것이므로 'hole'이 돼. 블랙홀(black hole)이란 이름은 이렇게 지어졌지.

내가 유명한 블랙홀이야!

빛도 탈출하지 못한다는 의미는, 블랙홀 표면에서 바깥쪽으로 나가던 빛도 꺾여서 다시 빨려 들어온다는 뜻이야. 즉 직진하는 줄로만 알았던 빛이 휘어야 한다는 말이지. 빛이 누구 마음대로 휘느냐고? 앞에서 빛은 휠 수 있다고 했잖아. 블랙홀 바로 바깥 부분에서 나온 빛도 꺾여서 도로 들어가는 판이니, 지나가던 빛이 빨려 들어가는 것은 당연하겠지?

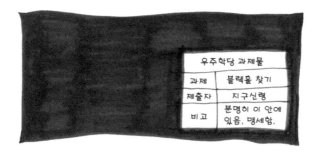

얇은 고무 막에 엄청나게 무거운 구슬을 올려놓으면 고무 막은 밑이 축 처지게 돼. 이것이 블랙홀에 의해 휜 시공간이라고 보면 돼. 이 중력장에서는 빛도 탈출할 수가 없지. 아주 무거운 구슬이 고무 막을 찢어버리듯이 블랙홀은 시공간을 그림과 같이 파괴해버려.

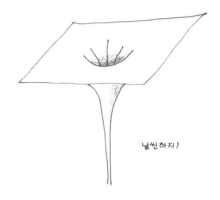

날씬하지?

시간이 정지하는 블랙홀 표면

블랙홀 주변에서는 빛만 휘는 것이 아니고 시간적으로도 이상한 일이 벌어져. 은하신령님이 바라보는 가운데 내가 블랙홀을 향해 자유낙하를 시도한다고 해봐. 나는 아무런 시간 간격의 변화를 느끼지 않은 채 일정한 시간이 지나면 블랙홀 표면에 도달해.

그러나 밖에서 바라보는 은하신령님의 입장에서는 내가 블랙홀에 접근하면 접근할수록 점점 낙하 속도가 늦어지는 것처럼 보이게 되고, 마침내 블랙홀 표면에 이르러서는 완전히 멈춘 듯이 보여. 즉 은하신령님은 아무리 오래 기다려도 내가 블랙홀 표면 속으로 사라지는 모습을 결코 볼 수 없어. 은하신령님의 측면에서 보면 블랙홀 표면에서 내 시간이 정지한 것처럼 느껴지지.

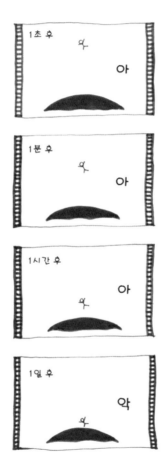

따라서 블랙홀 속에서 일어나는 일은 외부 관측자가 볼 수 없어. 이는 우리가 지평선 너머에 있는 물체를 볼 수 없는 것과 같지. 이런 뜻에서 블랙홀의 표면을 '사건의 지평선', 영어로 'event horizon'이라고 불러. 사실 사건의 지평면이 더 정확한 표현이지만 관용적으로 사건의 지평선이라고 부른 거야. 따라서 블랙홀의 표면이라는 말도 단순히 사건의 지평선을 의미하는 것으로 해석해야 해. 거기에 어떤 바닥이 있는 게 아니야.

그런데 블랙홀 내부 구조는 의외로 간단해. 중앙에는 특이점, 영어로 'singularity'라고 불리는 밀도가 무한대인 점이 있고, 다른 곳에서는 물질을 찾아볼 수가 없어. 왜냐하면 사건의 지평선을 넘어서 들어온 물질은 결국 모두 중앙의 특이점으로 끌려 들어가기 때문이지. 특이점에서는 현재 우리가 알고 있는 어떠한 물리학의 법칙도 성립하지 않아.

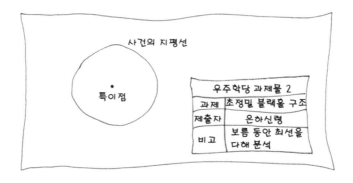

사건의 지평선에서는 시공간이 광속으로 블랙홀의 중앙을 향해 빨려 들어가고 있다고 생각하면 편리해. 빛이 블랙홀의 바깥쪽을 향해 광속으로 나오려고 해도 시공간 에스컬레이터가 안쪽을 향해 광속으로 들어가기 때문에 탈출할 수 없다고 생각하면 돼.

시공간 에스컬레이터의 속도는 사건의 지평선에서 바깥쪽으로 멀어질수록 광속보다 느려지는 것이지. 그리고 마침내 0이 되면 일반상대성이론 효과가 없어져야 해. 예를 들어 사건의 지평선 밖에서 안쪽으로 들어가는 에스컬레이터에서 어떤 사람이 1초마다 사과를 하나씩 바깥쪽으로 던지면, 밖에 서 있는 사람은 5초마다 사과를 하나씩 받을 수도 있어. 즉 블랙홀 주위의 1초가 바깥에서는 5초가 될 수 있는데 이것이 블랙홀의 강한 중력에 의한 시간의 지연 효과야. 쉽지?

자, 홈런 하나!
아차, 블랙홀을 포수 시켰더니
시간이 늦게 가네.

슈바르츠실트 블랙홀

에딩턴에 의해 일반상대성이론이 옳다는 사실이 증명되자 과학자들은 당장 고민에 휩싸이게 됐어. 질량은 변하지 않는다고 하더라도 해가 작아질 수만 있다면 주위에 작용하는 중력은 강해지기 때문이지. 즉 해가 점점 더 작아지면 빛도 점점 더 많이 휘어야 하고, 마침내 해가 반지름 3km 크기로 줄어들면 슈바르츠실트 블랙홀이 돼.

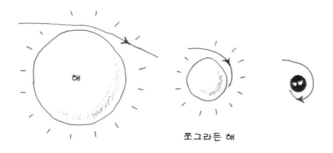

쪼그라든 해

블랙홀이 되면 되는 거지 뭐가 고민이었냐고? 고민은 반지름이 약 700,000km나 되는 해를 어떻게 반지름 3km짜리로 압축할 수 있느냐 하는 데에 있었어. 그까짓 가스 덩어리 해야 압축하는 기술만 잘 개발하면 반지름 3km로 만들기 쉬울 것 같지만, 그게 그렇지 않아. 우리 지구의 경우 반지름이 9mm가 되도록 압축해야 블랙홀이 돼.

즉 해를 반지름이 3km가 되도록 압축하는 기술은 우리 지구를 반지름 9mm가 되도록 압축하는 기술과 다를 바가 없어. 그러니 누가 믿겠어? 눈앞의 나무 책상 하나도 반지름 9mm 나무 구슬로 만들 수 없을 것 같은데 하물며 도시 하나도 아니고, 대륙 하나도 아니고, 온 지구를 사람 손톱보다도 작은 반지름 9mm 크기의 구슬로 만들 수가 있겠어?

현대에 와서 이런 물질의 압축은 실제로 가능한 것으로 밝혀졌지만, 당시 대부분 과학자는 도저히 이를 받아들일 수 없었지. 일반상대성이론은 옳다 하더라도 블랙홀은 실제로 우주에 존재할 수 없다고 결론을 내렸지. 그래서 미운 오리 새끼가 돼버린 블랙홀에 대해 계속 관심을 가지고 연구하는 과학자는 사라졌어!

요점 정리 2

설마 포기한 학동 없지?

❀ **천체의 탈출속도는 표면 중력의 크기에 의해 결정된다.**

- 지구의 경우는 초속 11.2km 값을 갖는다.

- 탈출속도가 광속과 같은 천체는 블랙홀이 된다.

❀ **블랙홀 주위의 시공간은 기묘한 성질을 갖는다.**

- 멀리서 보면 블랙홀 주위의 시간은 사건의 지평선에 이르러 정지한 것
  처럼 보인다.

- 블랙홀 사건의 지평선 속에는 중앙의 특이점 외에는 아무것도 없다.

❀ **블랙홀은 미운 오리 새끼가 되었다.**

- 반지름이 해는 3km, 지구는 9mm가 되어야만 블랙홀이 되기 때문에
  과학자들은 이를 믿지 않았다.

드디어 코스모스 군도에

소파에 앉아 조간신문을 펴든 나는 너무 기쁜 나머지 마구 아내를 불러 댔다. 아내는 깜짝 놀라 부엌에서 뛰어나와 나에게 물었다.

"무슨 일인데 그래?"

나는 아내에게 신문을 내보이며 외쳤다.

"이것 봐! 코스모스 군도 관광 자격시험이 내일부터 아주 쉬워진대, 이 것 보라고!"

"그래도 당신 실력에 합격할 수 있을까?"

"이 마누라가 나를 뭐로 보는 거야? 문제가 어려웠던 지난번에도 아슬 아슬하게 떨어졌잖아! 당신은 아예 응시도 못 했으면서….."

"내가 못 한 거야? 바빠서 안 한 거지."

나는 코스모스 군도 관광을 갈망하던, 인문계 대학을 나온 평범한 30대 초반의 회사원이었고 아내는 별로 유명하지 않은 피아니스트였다. 이 글에 나오는 악보들은 모두 아내가 챙긴 것이었다. 여행 중 관광 자격시험에 합 격한 사람은 1명을 동반할 수 있었지만, 우리 둘 중 어느 한 사람도 합격하 지 못해 여행을 떠날 수 없었던 참이었다. 여행 경비가 조금 비싸긴 했지만 우리는 맞벌이여서 문제가 되지 않았다.

코스모스 군도란 가장 유명한 남태평양 관광지로서 우주의 모든 아름다움을 첨단기술로 보여주는 곳이라 일컬어지는 곳으로, 커다란 4개의 섬 — 시공간의 섬(Island of Spacetime), 은하의 섬(Island of Galaxies), 별의 섬(Island of Stars), 외계생명체의 섬(Island of Extra-Terrestrials) — 과 작은 섬들로 이루어져 있다. 코스모스 대사관은 언제나 관광 비자 신청자로 북새통을 이뤘지만, 막상 자격시험에 합격해 관광길에 나서는 사람은 그리 많지 않았다. 아무리 지위가 높거나 돈이 많은 사람이라도 자격시험은 피해 갈 수 없는 절차였기 때문에, 글자 그대로 'No test, no tour'였던 것이다.

코스모스 정부에서 자격시험 제도를 유지하는 이유는 간단했다. 그 시험을 통과하지 못하면 코스모스 군도를 관광해도 안내자의 설명, 관광지의 시설, 문화공연 등을 전혀 이해할 수 없을 뿐 아니라 괴로운 여행이 되기 때문이었다. 코스모스 정부의 정책은 코스모스 군도를 완전히 이해하고 즐길 수 있는 사람들만을 모집해 관광시킴으로써 이 우주에서 가장 완벽한 관광지로서의 명성을 유지하겠다는 것이었다. 다른 국가원수들조차 시험을 통과하지 않으면 초청받지 못할 정도였다.

그 관광 자격시험 과목이 수학이었는데, 대학을 졸업한 사람이라도 수학과 거리가 먼 분야를 전공한 사람은 합격하기 힘들도록 어렵게 출제됐다. 그러니 누가 시험에 합격해 코스모스 군도를 관광할 수 있겠는가. 시험에 합격한 고등학생은 영재인 동시에 효자나 효녀로 동네에서 인정받았고, 합격하지 못한 이공계 대학 졸업자는 팔불출로 인식됐다. 어떤 기업은 취직 지원자들에게 코스모스 비자 사본 첨부를 요구하기 시작했다. 대덕 밸리의 어떤 연구소에서는 코스모스 비자를 받지 못한 연구원을 내보냈다는 소문도 나돌았다.

그러자 자격시험 학원이 여기저기 세워졌음은 물론 전문적으로 비자를 위조하는 조직까지 나타났다. 이는 비단 우리나라에만 국한된 일이 아니어서, 코스모스 비자는 세계 어디에서나 자랑거리가 아닐 수 없다. 그러나 온 세계로부터 원성을 사고 최근 UN에서 제재가 논의되기 시작하자 코스모스 정부는 자격시험의 난도를 낮추는 한편 코스모스 군도의 모든 관광 관련 시설도 그 수준에 맞추어 정비했다.

새 자격시험을 치러 갔더니 바로 아래와 같은 문제지를 주었는데, 네 문제 중 적어도 세 문제를 맞혀야만 합격을 한다고 했다.

성명 :   여권번호 :

1. 10,000,000을 10의 거듭제곱 꼴로 나타내시오.
2. 0.0000000002를 10의 거듭제곱 꼴로 나타내시오.
3. $10^3 \times 10^7$을 더 간단하게 계산하시오.
4. $10^{12} \div (2 \times 10^5)$을 더 간단하게 계산하시오.

1번 문제의 정답은 0이 모두 7개니까 10^7이 정답이다. 이처럼 1000을 10^3, 100,000을 10^5와 같이 나타내는 것을 10의 거듭제곱 꼴로 표현한다고 말한다. 따라서 2,000은 2×10^3, 50,000은 5×10^4가 된다. 즉 0의 개수를 10의 오른쪽 위에 쓰면 되는 것이다. 작은 숫자를 지수라고 하는데 이런 것은 똑똑한 초등학교 아이들도 알 수 있는, 정말 쉬운 문제다.

2번 문제의 정답은 0이 제일 소수점 앞에 1개, 소수점 뒤에 9개, 합이 10개니까 2×10^{-10}이다. 이것은 조금 어렵지만 0.01은 10^{-2}, 0.0001은 10^{-4}라고 표기한다는 사실을 다행히 잊어버리지 않았기 때문에 맞힐 수 있었다.

3번 문제도 조금 어려웠지만 $10^3 \times 10^7 = 1,000 \times 10,000,000 = 10,000,000,000 = 10^{10}$과 같이 생각해 정답을 맞혔다. 그러고 보니 이런 계산은 $10^{3 \times} 10^7 = 10^{3+7} = 10^{10}$같이 생각하면 더욱 쉽다는 사실이 생각났다. 10의 거듭제곱끼리의 곱셈을 할 때는 단순히 지수를 더해 주고 나눗셈을 할 때는 빼 주면 된다고 배웠던 것이 기억났다. 즉 $3 \times 10^4 \times 10^5 = 3 \times 10^9$, $10^5 \times 10^{-2} = 10^3$, $10^7 \div 10^4 = 10^{7-4} = 10^3$ 같이 되는 것이다.

하지만 4번 문제는 그만 틀리고 말았다. 나는 $10^{12} \div (2 \times 10^5) = 2 \times 10^{12-5} = 2 \times 10^7$처럼 풀었는데 이것은 $10^{12} \div (2 \times 10^5) = (10 \times 10^{11}) \div (2 \times 10^5) = (10 \div 2) \times 10^{11-5} = 5 \times 10^6$처럼 풀어야 맞는 것이었다. 어쨌든 나는 3문제를 맞추어서 아내와 함께 대망의 코스모스 군도 여행을 떠나게 됐다.

비행기는 오후 늦게 수도 코스모스 시티(Cosmos City)에 있는 국제공항 스페이스포트 코스모스(Spaceport Cosmos)에 미끄러지듯 내렸다. 스페이스포트 코스모스는 물론 보통 공항이다. 하지만 공항 한쪽에 거대한 로켓 여러 대를 세워놓고 전체 분위기를 마치 우주로 떠나는 곳처럼 장식해놓았기 때문에 스페이스포트라는 이름이 잘 어울렸다. 입국 심사는 아예 없었고 공항 직원들은 미소를 띠고 우리를 맞이할 뿐이었다. 입국 심사장을 통과하자 거대한 공항 건물 전체가 캄캄한 어둠에 휩싸였다. 야자수 숲이 우리를 둘러싼 가운데 은은하게 빛나는 반달이 우리를 맞이했다.

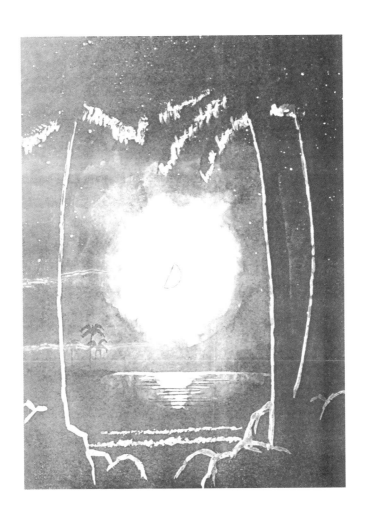

"야, 진짜 같다!"

내가 감탄해 외치자 아내가 물었다.

"진짜 아냐?"

"이 바보야, 공항에 오후에 도착했는데 그새 밤이 돼?"

"그럼 이게 다……."

"가짜야, 3차원 화면이라고."

노래 '코스모스 군도의 밤'이 입체 음향으로 흘러나오기 시작했다.

황혼이 지는
코스모스 군도에
밤은 깊어만 가고,

붉은 물결엔
아련한 등불
깜박이며 흐른다.

짙어 가는
푸른 달빛
야자 그늘에 비치면,

가는 별빛은
꿈결같이
나를 오라 부른다.

코스모스 군도의 밤

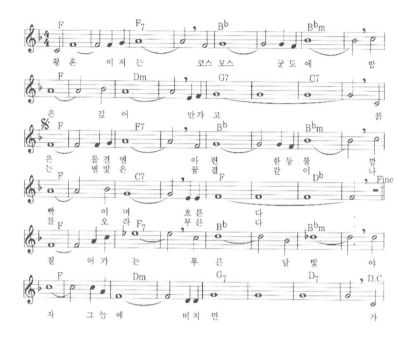

우리 부부가 정말 좋아하는 노래였다. 콧노래로 따라 부르며 계속 걷자 카페 스페이스타임(Cafe Spacetime) 입구가 우리를 맞이했다. 지름이 50m 가 넘는 거대한 돔 천장을 가진 카페 스페이스타임은 모든 관광객이 의무 적으로 거쳐 가야 하는 곳이었다. 사람들이 모두 자리에 앉자 카페 안은 서 서히 어두워지면서 돔 천장에는 푸른 별의 모습이 나타났다.

카페 스페이스타임

돔 천장에 나타난 푸른 별은 바로 지구였다. 완벽하게 3차원적으로 보이는 지구의 모습은 정말 아름답기 그지없었다. 흰 구름이 소용돌이무늬를 이루며 푸른 바다와 불그스름한 육지를 뒤덮고 있는 광경은 우리 지구가 생명의 낙원이라는 사실을 한눈에 알게 해줬다.

주문도 안 했는데 우주복 같은 옷을 입은 웨이트리스가 나에게는 얼음 커피, 아내에게는 오렌지 주스를 갖다줬다. 코스모스 대사관에서 비자를 발급할 때 좋아하는 음료까지 적도록 지나치게 자세히 묻는다 싶었더니 그게 다 서비스와 관련돼 있다는 사실을 깨달았다. 갑자기 아름다운 여자 목소리로 설명이 나오기 시작했다.

'Welcome to our world-famous Cafe Spacetime……'

하지만 더 이상 알아들을 수가 없었다. 그때 비행기에서 나누어 준 자동 번역기가 생각났다. 공항에 내리자마자 이용하라고 당부한 스튜어디스의 말을 까맣게 잊어버리고 있었다. 아내와 나는 얼른 번역기를 꺼내 이어폰을 귀에 꽂았다. 그러자 여자 목소리는 거짓말처럼 우리 한국어로 바뀌었다.

'……자, 지금부터 여러분은 우리 지구를 떠나 머나먼 우주로 여행을 떠나게 됩니다. 돔의 지름을 10의 거듭제곱(powers of ten)을 이용해 확장하면서 설명하겠습니다. 여러분은 자격시험에 합격하신 분들이니까 이해하는 데 아무런 어려움이 없을 것으로 믿습니다. 현재 여러분이 올려다

보는 돔의 지름은 10^3km가 되겠습니다. 지구의 지름이 약 1만 3천 km, 즉 1.3×10^4km이므로 현재 여러분은 아름다운 지구의 모습을 보실 수가 있는 것입니다. 이제 돔의 지름을 10배 확대해 10^6km로 바꿔 보겠습니다……'

지구가 서서히 작아지며 점으로 변했다. 타계한 천문학자 세이건 (Sagan)이 지구를 '창백한 푸른 점(pale blue dot)'이라고 부른 이유가 분명히 이해했다. 세이건이 굳이 '창백한'이라는 표현을 쓴 것은 이 우주에서는 지구가 아무것도 아니라는 의미가 아니었을까.

커다란 달이 눈앞에 나타나더니 역시 점점 작아져서 중앙에 있는 지구 쪽으로 접근해갔다. 화면의 동작이 멈추자 다시 설명이 이어졌다.

'……지구와 달 사이의 거리는 약 38만 km, 즉 3.8×10^5km 정도이므로 크기를 10배 확대하면 이렇게 달의 공전 궤도가 안으로 들어오게 됩니다. 빛의 속도는 초속 3×10^5km이니까 우리 지구에서 달까지는 1초보다 조금 더 걸리게 됩니다. 여기서 크기가 10배 늘어났으니까 부피는 1,000배 늘어났다는 사실은 당연히 알고 계시겠지요? 이번에는 돔의 지름을 1,000배 확대해 10^9km로 만들어 보겠습니다. 그러면 부피는 10억, 즉 10^9배가 늘어나게 되지요……'

밝은 해가 눈앞에 나타나더니 중앙에 있는 지구 옆으로 접근해갔다. 수성과 금성이 해와 동행했다. 그리하여 해가 돔의 중앙 부분, 즉 지구의 옆에 자리를 잡자 화성이 눈앞에 나타났다. 잠시 후 해를 중심으로 수성, 금성, 지구, 화성이 공전하는 태양계의 모습이 자리를 잡게 됐다. 한 무리의 소행성이 사라지고 목성이 나타나 약간 작아진 상황에서 입체화면은 정지했다. 다시 설명이 이어졌다.

'……해와 지구 사이의 거리는 약 1억 5천만 km, 즉 1.5×10^8km이므로 빛의 속도로는 약 8분 정도 걸리게 됩니다. 이 거리를 1AU, 즉 1천문단위라고 합니다. 해로부터 수성까지는 0.4AU, 금성까지는 0.7AU, 화성까지는 1.5AU가 되겠습니다. 하지만 목성까지의 거리는 보시는 것처럼 갑자기 증가해 약 5.2AU나 됩니다. 즉 목성으로부터 해까지는 빛의 속도로 여행해도 40분이 넘게 걸리게 됩니다. 따라서 방금 여러분은 빛보다 훨씬 빠른 속도로 공간의 확장을 지켜본 것입니다. 다시 돔의 지름을 1,000배 확대해 10^{12}km로 만들어 보겠습니다…….'

이번에는 토성, 천왕성, 해왕성이 이미 중앙으로 이동해 있는 해 근처로 차례차례 사라져갔다. 마침내 별 하나만 중앙에 남게 됐다.

'……해로부터 토성, 천왕성, 해왕성까지의 거리는 각각 9.6AU, 19.2AU, 30.1AU입니다. 따라서 빛의 속도로 하루만 진행하면 태양계의 한쪽 끝에서 반대 방향까지 충분히 관통할 수 있습니다. 왜냐하면 빛의 속도로 하루 진행한 거리는 약 173AU, 즉 약 2.6×10^{10}km이기 때문입니다. 현재 돔의 지름은 10^{12}km나 되니까 이제 태양계는 해 하나만 보이게 된 것입니다. 그리고 이런 크기에서는 행성 규모의 작은 천체들은 어두워서 보이지 않게 됩니다. 다시 돔의 지름을 1,000배 확대해 10^{15}km로 만들어 보겠습니다…….'

해 주위에 별들이 나타났다. 꽤 많은 별이 계속 나타나 중심의 해를 향해 움직이다가 화면의 동작이 멈추었다.

'⋯⋯빛의 속도로 1년 진행한 거리, 즉 1광년은 약 9조 5천억 km, 즉 약 9.5×10^{12}km가 됩니다. 따라서 여러분은 현재 지름이 약 100광년인 돔을 올려다보고 계십니다. 우리 태양계에서 가장 가까운 별까지의 거리는 약 4광년 정도이고, 별과 별 사이의 평균 거리도 그 정도입니다. 따라서 여러분은 현재 우리 태양계로부터 거리가 100광년이 안 되는 가까운 별들을 보고 계시는 셈입니다. 다시 돔의 지름을 1,000배 확대해 10^{18}km로 만들어 보겠습니다⋯⋯.'

수많은 별이 나타났다 중앙으로 모이기 시작했다. 점점 어떤 구조를 이루어가더니 마침내 거대한 소용돌이 모양을 한 우리은하가 시야를 가득 메웠다!

'⋯⋯현재 여러분은 현재 지름이 약 100,000광년인 돔을 올려다보고 계십니다. 우리 태양계가 은하의 옆구리에 있어서 은하의 중앙이 돔의 중앙에 오지는 않았습니다만 여러분은 우리은하의 전체 모습을 잘 감상하고 계십니다. 우리은하는 1천억, 즉 10^{11}개가 넘는 해와 같은 별들이 모여서 이루어져 있습니다. 보시다시피 우리은하의 지름은 약 100,000광년 정도가 됩니다. 다시 돔의 지름을 1,000배 확대해 10^{21}km로 만들어 보겠습니다⋯⋯.'

무수한 은하들이 나타났다가 중앙으로 사라져갔다. 많은 은하가 공간을 가득 채운 상태에서 화면이 동작을 멈추었다.

 '……현재 여러분은 현재 지름이 약 1억 광년인 돔을 올려다보고 계십니다. 보시다시피 우주에는 이렇게 많은 은하가 있습니다. 각 은하는 모두 1천억 개 내외의 별들로 이루어져 있습니다. 그런데 우주에는 또 1천억 개가 훨씬 넘는 은하들이 천문학자들에 의해서 관측되고 있습니다…….'

아내가 나직하게 물었다.
"아니, 별이 천억 개 모여서 만들어지는 은하가 또 천억 개 이상 있다고?"
"……."

두 번째 프로그램에서는 태양계 여행을 관람했다. 우리가 직접 우주선을 타고 태양계의 행성들을 모두 여행한 것 같은 착각을 일으켰다.

로렌츠 특급

우주에는 별과 은하가 여기저기 퍼져 있는 것처럼 막연하게 알았던 아내와 나는 카페 스페이스타임에서 우주의 계층구조를 확실히 이해할 수 있었다. 즉 해와 같이 스스로 빛나는 별 주위에는 우리 지구와 같은 행성들이 있고, 별들은 다시 수천억 개씩 모여서 은하를 만들고, 다시 은하들이 모여서 우리 우주를 구성하는 것이다.

실감이 나는 입체화면 여행을 마친 우리는 예정대로 관광열차 로렌츠(Lorentz) 특급을 타기 위해 공항을 나섰다. 공항 밖은 후덥지근했다. 축 늘어진 진짜 야자수들은 남태평양의 무더움을 실감이 나게 해 주었다. 로렌츠 특급은 코스모스 시티와 로렌츠시를 동서로 연결하는 관광열차다.

정거장에 도착해 보니 놀랍게도 로렌츠 특급은 증기 기관차의 모습을 하고 있었다. 객차는 모두 아주 작아서 정원이 16명에 불과했다. 지정된 객차에 오른 나는 깜짝 놀랐다. 객차의 전면에는 커다란 칠판이 있어서 꼭 고등학교 때 다닌 학원 교실 같았기 때문이다. 출발 시간이 다 되자 대학 졸업식 때나 볼 수 있는 학사모를 쓰고 가운을 걸친 백인이 차에 올라타 반갑게 인사했다.

"안녕하십니까. 저는 물리학 교수 브라운입니다."

나와 아내는 어안이 벙벙했다. 혹시 자동 번역기가 잘못된 것은 아닌지 한 번 만져 보았다. '뽀옥' 증기 기관차 소리가 들리자 브라운 교수는 말을 이었다.

"저는 여러분이 이 로렌츠 특급을 타고 가시는 동안 아인슈타인의 특수 상대성이론에 대해 자세히 설명해드리려고 합니다. 이 열차가 로렌츠시에 도착할 무렵이면 여러분들은 시간과 공간에 대해서 잘 이해하시게 될 겁니다. 자, 기차가 출발합니다. 저기 멀리 보이는 아인슈타인 산을 보세요."

그러고 보니 창밖에는 뾰족하게 솟아있는 멋진 산이 우리를 굽어보고 있었다. 그 꼭대기에는 아인슈타인의 얼굴이 바위에 크게 조각돼 있었다. 기차가 점점 빨리 달리자 야자수 가로수들은 뒤로 매우 빨리 지나갔다.

"자, 기차가 점점 더 빨라집니다."

브라운 교수의 말이 끝나자마자 희한한 일이 벌어졌다. 창밖에는 수평 방향으로 간격이 줄어든 것처럼 모든 것이 위아래로 길쭉하게 보이는 풍경이 뒤로 지나가고 있었다. 멀리 보이는 아인슈타인의 얼굴과 산 전체의 모습이 홀쭉해져 보이는 것이었다.

"실제로 그렇지는 않지만, 여러분은 현재 거의 광속에 가깝게 운동하는 열차를 타고 계신 셈입니다. 이렇게 광속에 가깝게 이동하면 주위 공간이 열차의 진행 방향으로 쪼그라듭니다. 즉 물체들이 좌우로 수축하기 때문에 위아래로 길쭉해 보이는 것입니다. 이것을 공간의 수축 현상이라고 부릅니다."

브라운 박사의 설명이 끝나자 누군가가 물었다.

"공간이 수축하면 그럼 시간은 어떻게 됩니까?"

"아주 좋은 질문입니다. 그렇지 않아도 시간에 관해 설명하려던 참이었습니다. 시간은 지연돼서 늦게 갑니다. 동물들의 움직임을 자세히 관찰하세요."

나는 산록에 뛰어다니는 사슴들을 보았다. 길쭉해진 사슴들은 마치 TV 스포츠 중계에서 슬로비디오를 볼 때처럼 서서히 움직이고 있었다. 날아다니는 새들의 날갯짓도 매우 느려 보였다.

"저렇게 천천히 날갯짓해서 새가 어떻게 날아가? 신기하네."

옆에서 아내가 속삭였다.

"이제 여러분은 아인슈타인의 특수상대성이론에 나오는 공간의 수축, 시간의 지연에 대해 완전히 이해하신 셈입니다. 다시 한번 정리해드리면, 상대적으로 광속에 가깝게 이동하는 공간은 수축하고 시간은 지연된다는 것입니다. 즉 시간과 공간은 서로 독립돼 있지 않고 항상 같이 변합니다. 그래서 시간과 공간을 묶어서 시공간이라고 부르는 것입니다. 그리고 이런 시공간 변환을 로렌츠 변환이라고 합니다. 자, 그러면 제가 질문하겠습니다. 저 바깥에 있는 사슴이 열차 안에 있는 여러분을 바라본다면 시공간이 어떻게 보일까요? 틀려도 좋습니다. 아무나 대답해 보세요."

브라운 교수가 묻자 뚱뚱한 흑인 신사가 대답했다.

"그야 물론 우리 공간은 좌우로 늘어나고 시간은 빨리 흐르겠지요."

"예, 그래야 할 것 같지요? 상식적으로 그래야 합니다만 그렇지 않습니다. 사슴이 보아도 똑같이 이 열차 안에서는 공간의 수축과 시간의 지연이 일어나야 합니다."

'그게 무슨 말이야?'

열차 안의 손님들은 대부분 이해하지 못하는 표정이었다. 예상했다는 듯 브라운 박사는 자세한 설명을 곁들였다.

"사슴 관점에서 우리 열차가 상대적으로 이동하고 있지 않겠습니까? 그러니까 우리 열차는 앞뒤로 길이가 짧아져 보이게 됩니다. 그리고 열차 안의 승객 여러분들은 홀쭉해져야 합니다. 뚱뚱하신 분들은 너무 좋겠지요? 승객들이 움직이는 모습도 사슴이 볼 때는 느려집니다. 하지만 우리가 느끼는 시공간은 우리 관점에서 여전히 변화가 없습니다."

아내가 옆에서 나지막하게 속삭였다.

"여보, 이게 무슨 관광이야? 우리가 뭐 이런 거 배우러 왔어? 이 나이에 물리학 과외 수업을 받다니 말이 돼?"

"무슨 소리야? 우리는 지금 평생 이해할 기회가 없는 우주의 진리를 관광하는 거 아냐. 이거야말로 정말 우리가 알고 싶은 거지. 먹고 마시는 관광만 가면 뭐 해? 이게 바로 코스모스 군도 관광의 진수야. 우리가 이런 기회가 아니면 언제 아인슈타인의 특수상대성이론에 관해서 설명 들을 수 있겠어?"

그때 누군가 질문했다.

"그러니까 우리가 우리를 관측하는 한 시간의 지연이나 공간의 수축은 어느 경우든지 절대로 일어나지 않는다는 말이지요?"

"그렇습니다. 예를 들어 '기차가 움직이기 시작하니까 내 시계가 느리게 갔다' 하면 틀리는 것입니다."

흑인 신사가 계속 이해가 안 된다는 듯 머리를 갸우뚱거리며 질문했다.

"이상하네요. 분명히 우리가 광속에 가깝게 움직이는 것 아닙니까? 사슴은 아주 느리게 뛰어가고 있고요."

"그건 우리 생각입니다. 특수상대성이론에서는 누가 움직이든 전혀 중요하지 않습니다. 다만 관측자에 대해서 상대적으로 움직이기만 하면 시간의 수축, 공간의 지연이 일어나게 되는 것입니다."

로렌츠 특급은 어느덧 황혼 속에 잠긴 로렌츠시 역에 도착하고 있었다.

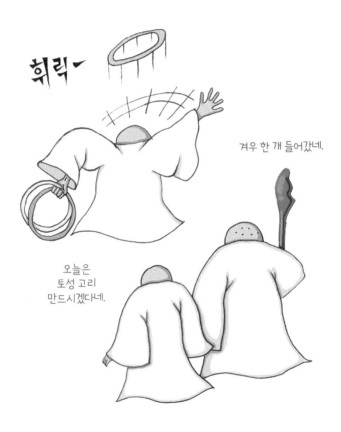

겨우 한 개 들어갔네.

오늘은
토성 고리
만드시겠다네.

3

우주의 구조

불안한 아인슈타인 우주

우주 전체의 구조와 진화를 연구하는 학문을 우주론이라고 해. 최초로 신화적, 철학적, 종교적이 아닌 과학적 우주론은 근세의 뉴턴에 의해서 제안됐지. 뉴턴은 질량과 질량 사이에는 만유인력이 작용한다는 자기의 이론을 바탕으로, 별들이 이루는 우주의 모습을 연구했어.

즉 뉴턴은 사과가 떨어지는 이유와 달이 지구를 공전하는 원인을 한가지 이유, 즉 중력으로 설명했지. 하지만 중력에 의해 별들은 서로 잡아당기기만 할 뿐 밀치는 법이 없었어. 따라서 별들로 구성된 뉴턴의 우주는 만

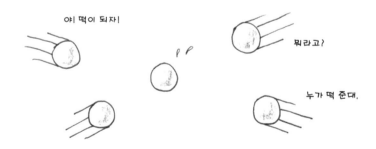

야! 떡이 되자!

뭐라고?

누가 떡 준대.

들어지자마자 질량 중심으로 순식간에 모여드는 거야! 이 고민을 해결하기 위해서 뉴턴은 무한한 우주를 주장했어.

아인슈타인은 1917년 마침내 상대성이론에 바탕을 둔 우주론 논문을 발표해. 중력이 시공간을 휘게 한다는 원리를 우주론에도 적용해 본 것이지. 즉 모든 은하의 중력이 우주의 시공간 전체를 휘게 만들 때 우주의 모습을 생각해 본 거야.

아인슈타인은 전혀 진화하지 않는, 정적인 우주를 생각해 봤어. 왜냐하면 당시에는 우주가 팽창을 할 수 있는 동적인 존재라는 생각은 꿈에도 할 수 없었기 때문이지. 그리고 아인슈타인은 은하들이 우주 모든 곳에 걸쳐 고르게 분포하고 있다고 가정했어. 그래야 수학적으로 큰 도움이 됐기 때문이지.

이 가정은 오늘날 관측 결과들을 고려해도 크게 틀리지 않아. 물론 부분적으로는 은하들이 은하단을 형성하는 등 불규칙하게 분포하고 있지만, 전체적인 관점에서 보면 어느 방향을 봐도 균일하다고 가정할 수 있지.

그리하여 아인슈타인은 우주가 거대한 4차원 구의 표면에 해당하는 3차원 공간(표공간)이라고 제안했어. 그는 모든 은하의 중력이 공간을 균일하게 닫히도록 만들어 이런 모습이 될 수 있다고 생각했지. 이 우주에서 한번 우리를 떠난 빛은 휜 공간을 따라 진행해 언젠가는 우리에게 되돌아와. 그리고 부피가 일정해 유한 우주가 되지.

하지만 아인슈타인은 뉴턴이 가졌던 고민을 그대로 이어받게 돼. 왜냐하면 아인슈타인 우주는 정적일 수가 없기 때문이야. 즉 뉴턴 우주의 별들과 마찬가지로 아인슈타인 우주의 은하들은 서로 당기기만 할 뿐 밀지는 않기 때문이지. 유한개의 은하를 가지고 정적인 우주를 엮어 놓으면, 그 우주는 중력에 의해 한곳으로 모여들어 바로 붕괴하는 거야.

아인슈타인의 억지

뉴턴은 우주가 무한하다고 주장해 고민을 해결했지만 아인슈타인은 우주가 무한하다고 주장할 수 없었어. 여기서 아인슈타인은 다소 억지스러운 주장, 즉 은하들 사이에는 만유인력인 중력 이외에도 서로 미는 척력이 작용해야 한다고 주장해. 즉 서로 잡아당겨서 붕괴하는 은하들 사이에 '버팀목'을 집어넣어 그 붕괴를 막아 보겠다는 발상이었지.

하지만 다행히 허블(Hubble)이 우주가 팽창하고 있다는 사실을 발견했어. 우주는 정적이 아니라 동적이었지. 즉 아인슈타인의 정적인 우주가 팽창하면 우리는 허블이 관측한 동적인 우주를 얻게 되는 거야. 따라서 우주는 동적인 모델로 바뀌었고 아인슈타인은 더 이상 고민할 이유가 없어졌지. 허블이 우주 팽창을 발견하자 아인슈타인도 억지로 척력을 주장한 것에 대해 평생 최대의 실수를 했다며 많이 후회했대.

아인슈타인의 중력장 방정식은 원래 동적인 우주를 기술하는 답을 포

함하고 있었기 때문에 허블이 관측한 팽창우주를 이론화할 때 아무런 문제가 없었어. 그 방정식은 프리드먼(Friedmann), 르메트르(Lemaitre), 로버트슨(Robertson), 워커(Walker) 등 당대의 우주론가들에 의해 깊이 연구됐지. 그 결과 세 가지 답이 가능하다는 사실을 깨닫게 됐어.

그중 두 가지만 먼저 예를 들면 4차원 구 모양 닫힌 우주와 4차원 말안장 모양 열린 우주야. 우주 평균 밀도가 높은 경우에는 구, 낮은 경우에는 말안장 모양을 갖게 돼. 둘 다 휜 시공간으로서 삼각형 내각의 합은 180°가 아니야. 즉 구 모양 우주에서는 삼각형 내각의 합이 180°보다 크고, 말안장 모양 우주에서는 180°보다 작아. 내 배에다가 삼각형을 그리면 내각의 합이 180°보다 작……아. 그게 뭐가 중요해.

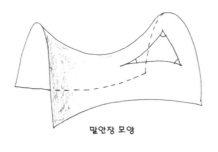

말안장 모양

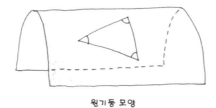

원기둥 모양

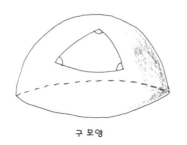

구 모양

또한 구 모양 우주는 닫혀 있어 부피가 유한하지만, 말안장 모양 우주는 열려 있어 부피가 무한해. 위의 두 가지 이외에 나머지 하나는 유클리드 기하학이 적용되는 4차원 원기둥 우주야. 물론 이 우주 안의 삼각형 내각의 합은 180°가 되지. 결론적으로 우주가 구 모양이면 끝이 있고 원기둥이나 말안장 모양이면 끝이 없어.

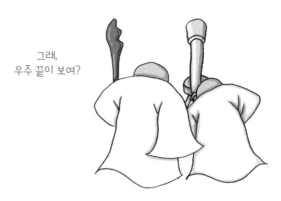

그래,
우주 끝이 보여?

허블의 팽창우주

미국의 허블은 1929년 우주가 팽창하고 있음을 발견했어. 허블이 내린 결론에 의하면 은하들은 방향과 관계없이 우리로부터 2배, 3배, …… 먼 은하는 2배, 3배, …… 더 빨리 후퇴한다는 거야. 따라서 우주는 동적인 모습을 보여주게 됐고 아인슈타인은 더 이상 고민할 이유가 없어졌어. 허블이 우주 팽창을 발견하자 아인슈타인도 억지로 정적인 우주를 주장한 것에 대해 평생 최대의 실수를 했다며 많이 후회했다고 전해져.

허블의 팽창우주에서 주의할 일은, 우리은하가 우주의 중심이라는 뜻은 결코 아니라는 사실이야. 팽창우주는 풍선에 찍어 놓은 점들을 은하라고 생각할 때 풍선이 커지면 점들 사이의 거리가 멀어지는 것에 비유할 수 있어. 어느 은하에서 보더라도 다른 은하들은 방향과 관계없이 2배, 3배, …… 먼 은하는 2배, 3배, …… 더 빨리 후퇴할 수밖에 없는 거야. 즉 아인슈타인의 우주가 팽창하게 되면 우리는 허블이 관측한 우주를 얻게 되는 것이지.

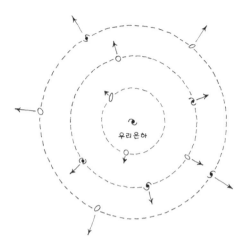

그 대신 우주의 팽창은 점점 감속해. 아인슈타인 우주를 붕괴시키던 은하 사이의 중력이 이번에는 우주 팽창을 방해하도록 작용할 수밖에 없기 때문이지. 따라서 우주의 크기는 시간에 따라 늘어나기는 늘어나되 점점 감속돼. 우주가 팽창함에 따라 은하 밀도는 당연히 작아지지.

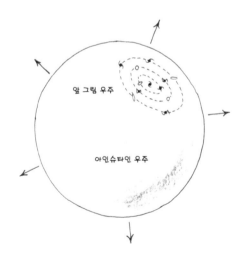

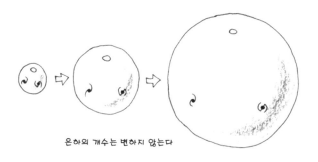

은하의 개수는 변하지 않는다

　　영화 필름을 거꾸로 돌리는 것과 마찬가지로 팽창우주를 과거로 시간을 거슬러 올라가면 이번에는 먼 은하일수록 더 빨리 우리에게 접근해 와. 그리하여 어느 시점에 이르면 모든 은하가 한곳에 모이게 되지. 바로 그 순간을 우리는 '태초'라고 불러. 태초의 우주는 엄청나게 밀도도 크고 무지막지하게 뜨거웠을 거야. 우주의 모든 물질이 한 점에 모여 있었으니 당연하지. 그 상태에서 대폭발(Big Bang, BB)을 일으켜 팽창우주가 됐다는 것이 현대 우주론의 정설이야. 쉽지?

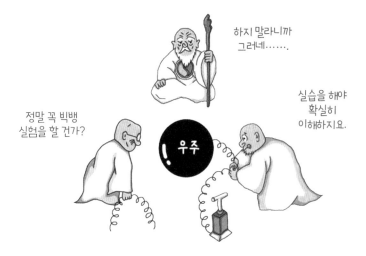

하지 말라니까 그러네……

실습을 해야 확실히 이해하지요.

정말 꼭 빅뱅 실험을 할 건가?

우주

여기서 'Bang'은 우리말로 '쾅'과 같은 의성어야. 이 빅뱅 우주론에서는 우주가 팽창을 거듭함에 따라 당연히 평균 밀도는 감소하고 배경 온도 역시 떨어져. 따라서 초기 우주의 모습과 진화가 상당히 진행된 후 우주의 모습은 완전히 다를 수밖에 없지.

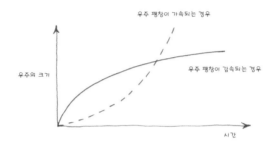

이 이론과 달리 초기 우주가 모든 면에서 지금과 마찬가지였다는 우주론이 한때 제시되기도 했어. 즉 우주가 과거로 거슬러 올라감에 따라 은하가 하나씩 없어지면 높은 밀도와 온도를 피할 수 있다는 우주론이지. 따라서 시간이 제 방향으로 흐른다면 이 우주론에서는 은하가 하나씩 생겨야 해. 그래서 이 우주론을 연속창생(Continuous Creation, CC) 우주론이라고 불러. 이 시작도 끝도 없는 이론에서는 예나 지금이나 우주의 모습이 똑같아야 해. 즉 우주가 팽창함에 따라 물질이 끊임없이 생겨서 밀도의 변화에 아무런 변화가 없다는 주장이야.

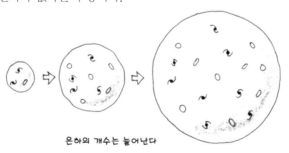

은하의 개수는 늘어난다

우주의 종말

대폭발 우주론이 맞느냐 연속창생 우주론이 맞느냐에 관한 5, 60년대의 논쟁은 과학사에서 유명한 사건이었어. 'BB가 맞느냐 CC가 맞느냐' 같이 표현되기도 한 이 대결에서 BB는 가모프(Gamow)를 중심으로 한 미국 과학자들에 의해, CC는 영국의 본디(Bondi), 호일(Hoyle) 등의 영국 과학자들에 의해 주장됐지.

팽창우주는 끊임없이 은하들의 중력으로 방해를 받고 그 결과 팽창 속도가 감소하게 돼. 그런데 상대적으로 밀도가 높아 은하들의 중력이 강한 우주는 팽창이 서서히 멈추어 마침내 정지해. 이후 우주는 다시 수축하기 시작해 빅뱅의 정반대인 빅 크런치(Big Crunch, BC)를 맞이하지. 상대적으로 밀도가 낮아 은하들의 중력이 약한 우주는 감속은 되지만 영원히 팽창하게 돼.

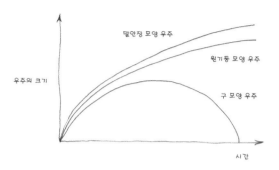

이 두 경우의 경계가 되는 임계밀도 값은 약 0.00⋯0045(0이 모두 30개) g/㎤이야! 이는 1㎥ 당 수소 원자 3개 정도가 존재하는, 인간의 기술로는 도저히 만들 수 없는 완벽한 진공 상태야.

같은 BB 우주론 내에서도 우주의 나이를 두고 논쟁이 붙었어. 비교적 최근까지 미국의 드 보클레르(de Vaucouleurs)를 중심으로 한 텍사스 천문학자들은 100억 년, 샌디지(Sandage)를 중심으로 한 캘리포니아 천문학자들은 200억 년을 주장했지. 대다수 관망파는 중도적인 입장에서 150억 년이라고 말하는 바람에 우주 나이가 졸지에 150억 년이 됐어. 현재 가장 최근 측정값은 138억 년이야.

페널티 킥은 몇 광년으로 할까?

포기한 학동 없지?

❊ 뉴턴의 우주는 불안했다.

- 별들이 만유인력으로 서로 잡아당기기 때문에 곧 붕괴한다.
- 뉴턴은 이를 벗어나기 위해서 무한한 우주를 주장했다.

❊ 아인슈타인의 우주 역시 불안했다.

- 아인슈타인은 일반상대성이론에 기반을 둔 우주를 1917년 만들었으나 뉴턴 우주와 마찬가지로 불안했다.
- 아인슈타인의 우주는 부피가 유한했다.
- 따라서 아인슈타인은 은하들 사이에 척력이 작용한다고 주장해 자기 우주를 보존시키려 노력했다.

❊ 허블은 1929년 우주 팽창을 발견했다.

- 정적인 아인슈타인 우주를 자연스럽게 동적인 우주로 전환하는 계기를 제공했다.

❊ 태초가 문제였다.

- 대폭발 우주론(BB) 쪽에서는 태초가 고온, 고밀도 상태였다고 주장했다.
- 연속창생 우주론(CC) 쪽에서는 태초나 지금이나 우주 온도와 밀도는 변화가 없다고 주장했다.

❊ 우주는 열렸나 닫혔나

- 우주의 밀도가 어떤 값보다 크면 우주는 팽창을 멈추고 다시 수축해 빅 크런치(BC)를 맞이하며, 우주의 모양은 구 모양으로 닫힌다.
- 우주의 밀도가 어떤 값보다 작거나 같으면 우주는 영원히 팽창하게 되며, 우주의 모양은 말안장 모양으로 열린다.

별의 일생

핵에너지

핵융합이란 가벼운 원자핵들이 모여서 더 무거운 원자핵을 만들면서 에너지를 내는 과정을 말해. 가장 간단한 핵융합은 4개의 양성자 p, 즉 수소(H) 원자핵이 모여서 1개의 헬륨(He) 원자핵, 즉 2개의 양성자 p와 2개의 중성자 n을 만드는 과정이지.

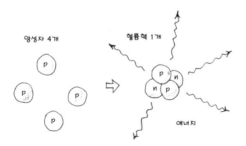

양성자 4개 질량의 합은 헬륨 원자핵의 질량보다 조금 커. 따라서 이때 남는 질량이 공식 $E=mc^2$에 의해 에너지로 전환되는 것이 바로 핵융합 에너지야. 광속의 제곱이 곱해지므로 작은 질량이라도 큰 에너지를 낼 수가

있어. 이것이 바로 인간이 제조하고 있는 수소폭탄의 원리이기도 하지.

하지만 핵융합은 고온이 있어야 해. 핵융합 과정 중 가장 간단한 수소 →헬륨 과정도 우주에서는 약 10,000,000℃의 온도가 있어야 해. 수소 원자가 아무리 많아도 이 온도 조건을 만족하지 않으면 핵융합은 일어나지 않아. 그래서 10,000,000℃를 점화온도라고 하지. 이 점화온도가 너무 높아서 핵융합은 실용화되지 못하고 있어.

그다음 핵융합 과정은 점점 더 높은 점화온도가 있어야 해. 예를 들어 3개의 헬륨 원자핵이 모여서 탄소(C) 원자핵을 만드는 과정은 우주에서 1억 ℃가 넘는 점화온도가 필요해. 핵융합은 온도 조건만 만족하면 철(Fe) 원자핵이 생성될 때까지 계속되지. 이는 물론 철 원자핵이 자연에서 가장 안정된 원자핵이기 때문이야.

철보다 질량이 큰 원자핵들은 융합과 반대로 분열하면서 에너지를 내. 이것을 핵분열이라고 하는데, 방사성 동위원소들이 붕괴하는 것은 좋은 예지. 핵분열은 높은 점화온도를 필요하지 않기 때문에 이미 많이 실용화돼 있어. 예를 들어, 핵발전소는 모두 핵분열을 이용하고 있지. 핵융합과 핵분열을 통틀어 핵반응이라고 해.

별은 핵융합 발전소

별은 왜 빛날까? 어떻게 생각하면 다시 한번 한심하게 들리는 이 질문에 대한 정답을 20세기 초까지만 해도 몰랐어. 아인슈타인이 공식 $E=mc^2$을 발견한 것이 1905년이니까. 별이 빛나는 이유는 핵에너지, 즉 핵융합 때문이야. 내가 좋아하는 지구 노래 중 'The End of the World'라는 팝송이 있어.

'Why does the sun go on shining?
Why does the sea rush to shore?
......'

이렇게 시작하지. 첫 질문, 해가 왜 빛나는가에 대한 정답은 바로 핵융합이야. 그다음 질문, 왜 파도가 밀리는가에 대한 정답은 기조력이야. 기조력이 뭐냐고? 내친김에, 그 노래를 계속 들어볼까?

'......
Why do the birds go on singing?
Why do the stars glow above?
......'

참 질문도 많은 노래야. 새가 왜 우는가 하는 문제는 이 책하고 상관없어. 그거야 새 마음 아니겠어? 왜 별이 빛나는지 묻는 마지막 질문은 맨 처음 해가 왜 빛나느냐고 묻는 것과 똑같은 질문이야. 작사한 사람이 해도 별이라는 사실을 모르나 봐.

별은 대부분 수소로 구성된 거대한 성운이 자기 자신의 중력에 의해 뭉쳐지게 됨으로써 태어나. 여기서 성운이란 가스와 먼지로 이루어져 별들 사이에서 구름처럼 보이는 것을 말해. 성운이 점점 빨리 회전하면서 중심 방향으로 중력 수축함에 따라 내부의 온도는 서서히 상승하지. 마침내 중심 온도가 10,000,000℃에 이르면 수소→헬륨 핵융합이 점화되고 서서히 에너지를 방출하기 시작해. 이리하여 별 하나가 탄생하게 되는 것이지. 즉 성운은 글자 그대로 '별들의 고향'이야.

수소→헬륨 핵융합이 진행 중인 우리 해의 구조를 생각해 볼까? 해의 표면온도는 6,000℃밖에 안 되지만, 중심의 온도는 약 15,000,000℃에 이르지. 따라서 해 중심에서는 핵융합이 일어나고 에너지가 생성돼. 핵융합의 결과로 생긴 헬륨 원자핵들은 상대적으로 질량이 크기 때문에 가라앉아 해의 중심에 차곡차곡 쌓이지. 여기서 헬륨은 핵반응에 의해 남은 재와 같아. 우리 해의 중심은 온도가 낮아 헬륨을 만드는 과정 이상의 핵융합을 진행할 수 없어.

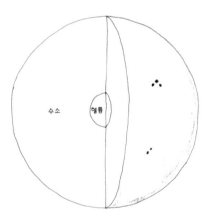

헬륨이 축적된 별의 중심 온도가 1억 ℃ 이상 상승하면 마침내 '헬륨 폭탄'의 원리가 될 핵융합, 즉 헬륨을 다시 연료로 사용해 탄소, 질소(N), 산소(O) 등을 만드는 핵융합이 점화돼. 그리고 더 고온이 되면 네온(Ne), 마

그네슘(Mg) 등을 만드는 핵융합을 거쳐 최종적으로 철로 이루어진 중심핵을 만들지.

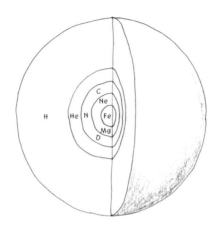

엄청나게 뜨거웠던 태초

BB 우주론이 CC 우주론을 이기는 데 결정적 이바지를 한 것이 바로 이 우주에 존재하는 헬륨의 양이야. 우주에서 우리 눈에 보이는 물질 중 약 3/4은 수소이고 나머지 약 1/4은 헬륨이지. 핵융합을 통해서 헬륨이 생성되려면 우주의 시초 한때 온도가 적어도 10,000,000℃ 이상이어야 해. 따라서 헬륨이 많이 존재한다는 사실은 태초 엄청난 고온에서 시작됐다는 증거가 돼.

BB 우주론에서 우주가 탄생한 후 약 3분이 지나면 온도가 10,000,000℃ 이하로 떨어져 핵융합이 정지돼. 따라서 우주가 탄생한 후 처음 3분 동안만 헬륨처럼 수소보다 질량이 큰 원소들이 만들어지는데, 이를 가리켜 원시 원소 합성이라고 해. 하지만 원시 원소 합성에서 탄소, 질소, 산소, …… 등 모든 원소가 다 만들어지는 것은 아니고 헬륨이 대부분을 차지해. 즉 질량비 수소 75%, 헬륨 25%로 구성된 우리가 관측하는 우주의 모습은 이때 정해진 것이야.

BB 우주론에서 빅뱅 이후 약 300,000년이 지나면 온도가 3,000℃까지 떨어져. 그러면 전자들이 모두 수소나 헬륨 원자핵에 붙잡혀. 따라서 그때 까지 전자에 의해 운동을 제한당하던 광자(빛)들은 자유로이 운동할 수 있 게 돼. 즉 빛의 측면에서 보면 우주는 흐렸다가 갑자기 맑아진 셈이지. 이때 퍼져나가기 시작한 빛이 바로 오늘날 우리가 관측하는 우주배경복사야.

빅뱅 실험하지 말라고 했잖아.

미국의 펜지어스(Penzias)와 윌슨(Wilson)은 1964년 우연히 이 우주배 경복사를 발견해 BB가 CC를 제압하는 데 결정적인 역할을 했어. 우주배 경복사는 우주 속에 고르게 퍼져 있다가 −270℃까지 식어 빠진 상태로 발 견됐지. 즉 뜨거운 물로 막 목욕을 마친 목욕탕에 남아 있는 수증기와 같은 것으로 생각하면 돼. 그 수증기를 보고 목욕을 막 마친 사람이 찬물이 아니 라 뜨거운 물을 사용했다는 사실을 추리할 수 있는 것처럼, 우주배경복사

를 보고 태초 우주는 뜨거웠다고 결론을 내릴 수 있는 것이야. 펜지어스와
윌슨은 이 발견으로 노벨상을 받았어.

자동온도조절장치가 작동하는 젊은 별

중심이 온도가 높으므로 별 내부의 압력은 물질을 바깥쪽으로 밀어내
기 때문에 별이 팽창해. 그러나 별 자신의 중력은 물질을 중심 방향으로 끌
어당겨 별이 수축하도록 만들어. 따라서 압력과 중력이 평형을 이룰 때 별
들은 안정된 모습을 이루지.

즉 중력=압력의 등식이 성립할 때 별은 팽창하지도 수축하지도 않지
만, 중력>압력일 때는 수축하고 중력<압력일 때는 팽창하게 돼. 예를 들어
압력이 갑자기 증가해 중력보다 크게 된 경우, 별이 팽창을 시작하면 내부
온도는 떨어지게 되고 이는 압력을 감소시키는 방향으로 작용해. 따라서

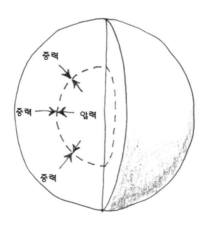

별은 팽창을 멎고 다시 평형점을 찾아. 반대로 별 내부에서 압력이 갑자기 감소하면 중력수축에 따른 온도의 상승으로 압력은 다시 증가해 다시 평형점을 찾아. 쉽지?

별은 이처럼 일생을 통해서 수축과 팽창을 반복해 안정된 구조를 유지하게 돼. 마치 자동온도조절장치처럼 내부온도를 압력과 중력이 평형을 이루도록 스스로 조절할 수 있는, 생명체와 같은 능력을 갖추고 있어.

별이 태어날 때 이미 수명이 정해졌다고 해도 과언은 아니야. 결론부터 말한다면 별은 사람하고 비슷해서 질량이 클수록 수명이 짧아. 즉 별들은 짧고 굵게, 또는 가늘고 길게 살아. 왜 그런지 설명할게. 해보다 질량이 2배 큰 별은 약 8배 정도 더 밝아. 두 별 사이의 질량 비율을 핵연료의 비율로 간주한다면, 연료는 2배 많지만 8배나 더 태워대니 금방 연료가 바닥날 수밖에 없지 않겠어? 쉽지?

우리 해는 약 50억 년을 살아왔고 앞으로도 그만큼 살아갈 것으로 보여. 하지만 질량이 큰 별들은 1억 년을 채 살지 못해. 이것만 봐도 별들의 수명은 천차만별이라는 사실을 쉽게 알 수 있지.

으악! 조금 있으면
나를 삼키겠네

별의 진화가 막바지에 이르면 에너지 생성이 급증하게 되는데 이때 별은 높아지는 압력에 대처해 팽창해. 부피가 팽창하면 표면온도는 떨어지므로 붉은색을 띠게 되지. 그리하여 대부분 별은 진화 막바지에 이르러 적색거성이 된다고 봐. 우리 해도 약 50억 년 후에는 화성 궤도를 삼킬 수 있는 크기의 적색거성으로 팽창하게 될 거야.

자동온도조절장치가 부서진 늙은 별

전자는 다른 입자들보다 질량이 작아서 가장 활발히 운동하기 때문에 별 중심의 물리학을 주도하게 되지. 높은 밀도에 의해서 전자들 간의 평균 거리가 너무 작아지면 별의 중심 부분에는 축퇴압력이라고 하는 새로운 종류의 압력이 등장해. 축퇴압력은 만원인 지하철 안에서 우리가 받는 압력과 비슷해. 지하철 안에서 우리가 받는 압력은 오로지 열차 1량에 몇 명의 승객이 탔느냐에 따라서 좌우되지? 마찬가지로 축퇴압력도 전자의 밀도가 얼마나 높으냐 하는 점에 민감해.

우와! 미치겠네!

별의 진화 말기에 이렇게 물리적 성질이 판이한 축퇴압력이 별의 중심을 장악하게 되면 안정된 구조는 무너져. 예를 들어 압력이 조금 감소해 별이 수축해서 온도가 상승해도 축퇴압력은 온도에 무관하므로 증가하지 않아. 따라서 별의 수축은 멎지 않고 계속 진행돼 온도는 급격히 상승하지. 더 이상 자동온도조절장치는 작동하지 않게 되는 거야. 그리하여 별은 극적인 종말을 맞이하게 돼.

진화의 최종단계에서 질량이 해 1.4배보다 작은 별들은 중력의 크기가 작으므로 전자의 축퇴압력으로 수축을 막아 안정된 구조를 유지해. 그래서 이 경우에는 가늘게 길게 사는 백색왜성이라는 작은 별이 되지. 백색왜성은 남은 수소를 핵융합으로 소모해 가며 마치 서서히 식어가는 모닥불처럼 사라져. 해 질량 1.4배를 발견자 이름을 따서 찬드라세카르(Chandrasekhar)의 한계치라고 불러. 그는 인도 태생의 미국 천문학자로 많은 업적을 남겼으며 노벨 물리학상을 받았어.

백색왜성은 별들의 가장 흔한 종말 형태야. 물론 우리 해도 백색왜성으로서 종말을 맞이할 거야. 그러니까 인간들은 이 점에 대해서는 걱정을 안 해도 돼. 해가 백색왜성으로 되면 지구 크기로 줄어들어. 각설탕 크기 물질 무게가 약 10t 정도 돼.

행성 주제에.

너 별 맞아?

질량이 해 1.4배보다 크고 8배보다 작은 별들은 가장 불확실한 종말을 맞이하는 것으로 알려져. 어떤 것들은 물질을 분출해 찬드라세카르 한계치 밑으로 내려가 백색왜성이 되기도 해. 축퇴압력이 중심부를 장악하게 되면 이런 질량의 별들은 별이 조금만 수축해도 중심 온도가 상승하고 그에 따른 에너지 폭주가 일어나. 따라서 별은 폭발해서 초신성이 되지.

초신성이란 지구에서 보았을 때 갑자기 매우 밝은 새 별이 나타났다는 의미야. 즉 신성 중에서도 아주 밝은 것이라는 의미야. 하지만 별이 새로 태어난 것이 아니라 별의 종말의 한 형태라는 사실에 유념해야지. 초신성이 폭발한 자리에는 아무것도 남지 않아.

명중입니다, 지화자!

발사!

초신성 만들기야 누워서 떡 먹기지.

블랙홀 사촌 중성자성

질량이 해 8배보다 크고 30배보다 작은 별들의 중심에는 진화 말기가 되면 거의 중성자로 구성된 높은 밀도를 갖는 핵이 형성되지. 양성자고, 중성자고, 전자고 없는 거야. 축퇴압력에 의해서 이런 별이 폭발하게 되면 앞의 경우와는 달리 중성자핵이 중성자성으로 남게 돼.

중성자성들은 크기가 수십 km 정도이고, 보통 1초에 1회 이상 회전한다. 이 정도 크기면 블랙홀 사촌이라고 할 수 있지. 빠른 회전에 의한 엄청난 원심력은 보통 별이라면 산산조각으로 깨뜨려 버리겠지만 중성자성에는 별 영향을 주지 못해. 왜냐하면 중성자성의 평균 밀도는 원자핵과 같아서 각설탕 크기 물질 무게가 약 10억t 정도 돼.

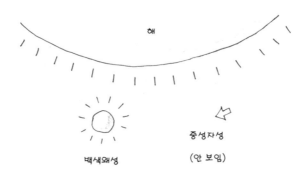

영국의 휴이시(Hewish)와 벨(Bell)은 1968년 전파 관측 도중 매우 규칙적이고 주기가 약 1.34초인 전파의 박동을 발표했어. 그 당시까지 알려진 어떠한 천체도 이렇게 짧은 주기의 관측 자료를 줄 수는 없었기 때문에, 그 발견은 곧 천문학계의 비상한 관심을 끌게 됐지. 심지어 처음에는 외계

의 문명에서 날아오는 것으로 여겨지기도 했었는데, 천문학자들은 이런 전파원을 펄사(pulsar)라고 불렀어. 휴이시는 펄사를 발견한 공로로 1974년 노벨 물리학상을 받아.

고요한 수면에 돌을 던지면 원형의 물결이 퍼져나가. 이와 마찬가지로 초신성 폭발과 같은 급격한 천문 현상은 우주공간에 중력파를 방출해. 중력파의 성질은 전자기파를 닮아서 파원으로부터 에너지를 빼앗아. 중력파가 전자기파와 크게 다른 점이 있다면, 중력파는 그 세기가 너무 약해서 검출이 극히 어렵다는 사실이야.

중력파로 천체를 직접 관측할 수 있다면 중력파 검출기는 훌륭한 '천체망원경'인 셈이지. 미국의 웨버(Weber)는 이미 50년대 후반부터 중력파 안테나를 제작하는 일에 착수해 이 방면의 선구자로 알려져. 1968~1975년 사이에 웨버는 중력파를 검출했다고 발표했으나 안테나의 성능이 크게 뒤떨어져 인정받지 못했어.

1974년 여름 미국의 헐스(Hulse)와 테일러(Taylor)는 펄사가 보이지 않는 다른 별과 쌍성을 이루고 있는 쌍성 펄사 PSR 1913+17을 발견했어. 쌍성이란 두 별이 서로 공전하고 있는 것을 말하는데 흔하게 관측돼. 실제로 우리은하를 이루는 별 절반 가까이 쌍성을 이루고 있으며 그중에는 3개 이상의 별이 서로 뒤엉켜 있는 것도 많아.

쌍성 펄사의 두 별은 불과 해 반지름 거리 정도밖에 떨어져 있지 않기 때문에 초속 약 300km의 엄청난 속도로 약 8시간마다 서로 공전하고 있어. 이 쌍성 펄사가 내는 중력파는 에너지를 빼앗아 달아나기 때문에 두 별이 점점 접근하도록 만들어 공전 주기가 짧아져. 테일러는 정밀한 관측 결과 PSR 1913+17의 공전 주기가 매년 0.000075초씩 짧아지고 있다는 사실을 알아냈어. 이 값은 이론적으로 계산한 결과와 정확히 일치했고, 헐스와 테일러는 이 공적으로 1993년 노벨 물리학상을 받아.

미국 워싱턴주 핸퍼드(Hanford) 핵폐기물 처리장 근처에는 지름 1.2m, 길이 4km인 두 개의 진공관이 두께 20cm의 콘크리트에 싸인 채 직각으로 연결된 중력파 안테나가 있어. 이곳으로부터 3천 km 떨어진 루이지애나주 리빙스턴(Livingston)에도 이와 똑같은 시설이 있지. 이것들이 3억 달러의 예산으로 건설된 레이저 간섭계 중력파 관측소, LIGO(Laser Interferometer Gravitational-Wave Observatory)야. 2016년에 첫 중력파 검출을 발표한 후에도 맹활약하고 있지.

설마 벌써 포기를 안 한 학동 없지?

◈ **핵융합은 핵에너지를 추출하는 유용한 수단이다.**

- 가장 간단한 핵융합은 수소가 헬륨으로 융합하는 과정으로서 10,000,000℃의 점화온도가 필요하다.

◈ **별은 핵융합을 이용해 빛난다.**

- 별은 생명체처럼 자기 스스로 자동온도조절장치를 작동해 압력과 중력이 평형을 이루도록 조절한다.

◈ **결국 BB가 CC를 제압했다.**

- 우주에 많이 존재하는 헬륨, 우주배경복사가 태초는 뜨거웠음을 증명해 주었다.

◈ **별은 최종 질량에 따라 여러 형태의 종말을 맞이한다.**

- 가장 질량이 작은 별들은 백색왜성이 된다.

- 질량이 큰 별들은 폭발해 초신성이 된다.

- 초신성 중에는 중심에 중성자성을 남기는 것도 있다.

- 가장 질량이 큰 별들은 결국 블랙홀을 탄생시킨다.

◈ **거대한 중력파 안테나가 건설됐다.**

- 미국의 레이저 간섭계 중력파 관측소, LIGO(Laser Interferometer Gravitational-Wave Observatory)가 많은 관측 결과를 내고 있다.

코스모스 군도 여행 2

연극 '뉴턴과 아인슈타인'

로렌츠시 해변의 야자수 숲 바깥에는 가게가 죽 늘어서 있었고 숲속에는 통나무집 마을이 있었다. '코스모스 군도의 밤' 경음악이 환상적인 황혼을 배경으로 은은하게 울려 퍼졌다. 그 노래는 여행하는 동안 지겹도록 들었지만, 전혀 질리지 않았다. 어두워지기 전에 숙소를 찾기 위하여 우리는 야자수 숲속으로 발길을 옮겼다.

숙소로 예약된 통나무집은 우리 부부의 이름이 새겨진 아름다운 나무판 때문에 쉽게 찾을 수 있었다. 나무판 위에는 앙증맞게 예쁜 불이 켜져 있어서 어둠 속에서도 우리 이름을 쉽게 읽을 수 있었다. 여행 안내문에는 그 나무판을 기념으로 가져가도 된다고 씌어 있었다. 여장을 풀고 조금 쉬다가 밖으로 나오니 푸른 밤하늘에는 별들이 은가루를 뿌려 놓은 듯 반짝이고 있었다. 별들이 너무 깨끗해 보였다.

저녁 식사를 하려면 마을 중앙 광장으로 가야 했는데, 높이 솟아오르는 불길 때문에 쉽게 찾을 수 있었다. 요란한 타악기 소리도 그쪽에서 들려왔다. 가까이 가 보니 많은 관광객이 모여 있는 가운데 코스모스 군도 원주민들의 축제가 열리고 있었다. 중앙에 커다란 모닥불을 중심으로 무서운 가

면을 쓰고 창을 든 원주민들이 시끄러운 여러 타악기 소리에 맞추어 신나게 춤을 추고 있었다. 관광객으로 보이는 사람들도 춤판에 껴들었다.

혼자 여행하는 한국 남자 관광객을 만나 반갑게 인사하고 같이 벤치에 앉아 원주민들의 축제를 지켜봤다. 대화를 나누다 보니 혼자 코스모스 군도로 여행하는 한국 사람들이 남녀를 불문하고 무척 많다는 사실을 알게 됐다. 여행 광장 한쪽에서 맛있는 바비큐 요리가 저녁 식사로 제공되고 있었다. 그날 저녁 나와 아내는 배가 터지도록 맥주와 바비큐를 먹었다.

처음 여행 계획을 짤 때 우리는 경제 형편상 가장 짧은 3박 4일 코스를 선택했는데 이 경우 둘째 날 시공간의 섬을 떠나 은하의 섬으로 가게 돼 있었다. 즉 뉴턴시 방문과 아인슈타인 산 등반이 빠지는 것이었다. 그래서 우리는 식사 후 노천극장에서 연극 '뉴턴과 아인슈타인'을 관람하게 돼 있었다. 아마 뉴턴시를 방문하지 않아서 관광객이 놓치는 부분을 연극으로 보충해 주는 모양이었다.

사람들이 질서 있게 자리 잡기를 마치자 조명이 들어오고 무대에는 뉴턴으로 분장한 배우가 사과나무 아래 누워 있었다. 곧 사과가 떨어져 뉴턴의 이마를 강타했다. 이마에 맞는 소리가 '땡' 울려서 객석은 웃음바다가 됐다.

"아니, 왜 사과가 떨어질까?"

자연스럽게 뉴턴의 독백으로 연극이 시작됐다.

"그렇다. 사과가 떨어지는 것은 벌레 먹었기, 아니, 지구가 사과를 잡아당기기 때문이다."

뉴턴은 벌떡 일어나 하늘의 달을 가리키며 대사를 이었다.

"저 달도 지구가 잡아당기고 있으므로 떨어져야 한다. 즉 사과를 떨어지게 하는 힘이나 지구가 달을 잡아두고 있는 힘이나 똑같은 원리로 작용하는 것이다. 즉 이 우주의 모든 물체에 똑같이 작용하는 잡아당기는 힘 때문이다. 이 힘을 '만유인력'이라고 부르자!"

뉴턴은 두 손을 들고 환호했다.

"그렇다! 해와 행성, 별과 별, 모든 천체 사이에는 만유인력이 작용하는 것이다. 그래서 별들이 흩어지지 않고 각자 주어진 궤도를 돌며 조화롭게 이 우주를 이루는 것이다. 이것이야말로 최초의 과학적인 우주론 모델이 아닌가! 이제 더 연구할 일도 없다. 잠이나 자자."

뉴턴은 다시 사과나무 아래 누웠다. 사과에 다시 맞을까 봐 조심스럽게 위를 올려다보는 뉴턴을 보고 관객들은 다시 웃음을 터뜨렸다. 잠시 누워 있던 뉴턴이 벌떡 상체를 들며 독백했다.

"아니지! 별과 별이 모두 서로 잡아당긴다면 어떻게 우주가 배겨날까. 금방 질량 중심이 되는 한 점으로 모든 별이 모이게 돼서 우주는 떡이 되지 않을까?"

뉴턴은 다시 고민하는 표정을 지었다.

그때 갑자기 한 아리따운 아가씨가 무대 앞에 나타났다. 그러자 두 사나이가 무대 양 끝에서 각각 나타났다. 아가씨의 양옆으로 접근한 그들은 아가씨의 팔을 하나씩 잡고 잡아당기며 외쳤다.

"마리아는 내 여자다! 포기해!"

"웃기지 마라, 로버트. 나는 마리아를 포기할 수 없다!"

마침내 여자가 비명을 질렀다.

"두 사람 다 놔요! 팔 아파 죽겠어요!"

뉴턴은 상체를 든 채 물끄러미 그 광경을 바라보다가 벌떡 일어나 세 사람을 향해 달려오며 외쳤다.

"바로 이거다! 이제야 문제가 풀렸다! 야호!"

두 사나이는 잡아당기는 일을 멈추고 아가씨와 함께 미친 듯 날뛰는 뉴턴을 바라보았다.

"무슨 문제가 풀렸다는 겁니까?"

한 사나이가 뉴턴에게 묻자 그는 신나게 대답했다.

"왜 우주가 떡이 되지 않는지 깨달았단 말입니다. 금방 두 사람이 아가씨를 양쪽에서 잡아당겼지요. 잡아당기는 두 힘이 평형을 이루었기 때문에 결국 아가씨는 움직이지 않았지요. 물론 양팔은 아팠지만. 별과 별도 모두 서로 잡아당기고 있습니다. 하지만 별 하나 측면에서 보면 사방팔방 똑같은 힘으로 잡아당김을 당하고 있단 말입니다. 그러니까 별은 움직이지 않을 수밖에 없지요! 그 대신……."

세 사람은 별 미친 사람도 다 봤다는 듯한 표정을 지으며 무대 한쪽으로 사라졌다. 뉴턴은 눈을 감은 채 커다란 제스처를 써가며 계속 열변을 토했다.

"우주는 무한해야 합니다. 우주가 유한하다면 모든 별에 대해 사방팔방으로 당겨지는 힘이 똑같을 수가 없으니까. 내 만유인력 이론이 옳다면 우주는 무한해야 합니다. 아셨습니까?"

말을 마친 뉴턴이 눈을 뜨고 사라진 사람들을 찾으려고 주위를 살피자 객석에서 또 웃음보가 터졌다.

그때 아인슈타인으로 분장한 배우가 나타났다.

"선배님, 안녕하셨습니까?"

"당신은 누구요?"

"저는 미래에서 온 선배님의 후배 아인슈타인이라는 사람입니다."

"후배? 그럼 케임브리지대 출신?"

"아닙니다. 대학 후배가 아니라 물리학계 후배지요."

"몇 년 후밴데?"

"쌔~까만 후배입니다. 그건 아실 거 없고요. 제가 보기에 선배님 이론이 모든 경우에 완벽하게 맞는 것 같지는 않거든요. 아주 조금, 약간, 눈곱만큼 틀린 점이 있어서 몇 가지 지적을 해드리러 왔습니다."

"눈곱?"

뉴턴은 눈언저리를 만지며 별 희한한 놈 다 봤다는 표정을 지었다. 그 코믹한 표정은 다시 한번 관객들을 웃겼다.

"첫째, 선배님은 우주가 별로 이루어진 것으로 알고 계시는데요. 우주는 은하들로 구성돼 있습니다. 그러니까 별들이 모여 있는 우주보다는 은하들이 모여 있는 우주를 생각하셔야 옳습니다."

"은하가 뭔데? 은하수?"

"아닙니다. 은하수는 우리 태양계가 속해 있는 은하의 모습일 뿐이고요. 우주는 천억 개가 넘는 은하로 이루어져 있습니다. 아니, 선배님은 여태 카페 스페이스타임도 안 가 보신 모양이지요?"

"안 가 봤어. 사실 따지고 보면, 내가 근세 사람인데 어떻게 우주에 은하가 여러 개 있다는 사실을 알아? 그 사실이 밝혀진 건 20세기 초잖아. 그러니까 내가 모르는 게 당연하지."

"말을 듣고 보니 그렇군요. 그럼 지금부터 다시 모르는 것으로 하시고요……. 둘째, 작은 물체가 천체로 떨어질 때 천체가 잡아당겨서라기보다는 천체의 만유인력이 시공간을 휘게 만들어서 물체가 떨어진다고 생각하면 더 완벽하다는 겁니다."

"그게 무슨 말이야? 나는 무슨 말인지 하나도 못 알아듣겠어."

옆에 앉아 있던 아내가 속삭였다.

"나도 정말 무슨 말인지 못 알아듣겠어."

"나도 그래. 하지만 좀 더 열심히 들어보자."

아인슈타인은 흰 천이 수평으로 팽팽하게 펼쳐지게 한 것을 무대 한쪽에서 끌어왔다.

"제가 선배님께 설명해드리려고 교구를 준비했습니다."

아인슈타인은 호주머니에서 야구공과 구슬을 꺼냈다.

"자, 이 팽팽한 천에다가 야구공을 놓습니다. 그러면 야구공의 무게 때문에 천이 밑으로 축 처지겠지요. 이 야구공을 천체, 이 구슬을 천체로 떨어지는 물체라고 생각하겠습니다. 그리고 야구공 주위로 이 구슬을 굴려보겠습니다."

구슬은 야구공 주위를 뱅글뱅글 돌다가 야구공이 놓여 있던 움푹한 곳으로 떨어졌다.

"천체의 만유인력이 시공간을 휘어놓으면 지나가는 물체가 천체로 떨어진다고 생각하는 겁니다. 이러면 선배님께서 주장하시는 대로 천체가 물체를 잡아당겨서 떨어졌다고 생각하시는 것과 똑같아집니다. 이게 바로 제 일반상대성이론입니다."

"아니, 결국 생각을 바꿔 보자는 거지 실제로 전혀 차이가 없잖아."

"아니지요, 제 이론에서는 빛이 휠 수 있습니다."

"빛이 휜다고?"

"예, 제 이론에서는 천체가 시공간을 휘어 놓고 빛은 두 점 사이에서 최단 거리로 진행하니까 휘어야 합니다. 자, 이 야구공 주위의 움푹 팬 곳의 이 점과 이 점을 연결하는 최단 거리 선을 천 위에 그리면 결국 곡선이 되지 않습니까? 그러니까 제 이론에서는 빛이 휠 수 있는 것입니다."

"가만있자⋯⋯, 그렇다면 말이야. 이론상 별이 아주 작아지면 빛이 확 휘고, 더 작아지면 빛이 빨려 들어가겠네?"

"선배님, 존경합니다! 정말 훌륭한 통찰력을 지니고 계십니다."

"주위에서 다들 그래."

"빛도 빨아들이는 그걸 바로 블랙홀이라고 부릅니다. 빛을 빨아들이니 뭔들 못 빨아들이겠습니까. 냉장고, 세탁기, 식기 세척기⋯⋯, 뭐든지 빨아들이는 것입니다."

"냉장고, 세탁기는 이름을 보니 나도 뭔지 추리할 수 있겠는데⋯⋯, 식기 세척기가 뭔가?"

"그릇 닦는 설거지 기계입니다. 그게 있으면 남자들의 생활이 엄청나게 편리해집니다."

"남자들?"

"선배님은 설거지 안 하십니까? 앗, 실수다!"

아인슈타인이 급히 입을 막았지만 어색한 분위기가 한동안 지속됐다. 왠지 뉴턴도 몹시 당황해하는 것 같았다.

"설거지는 설거지고, 자네 오늘 나를 왜 찾아왔나? 한 수 가르쳐 주려고?"

"아니요, 사실은 선배님께 고민을 상담하러 왔습니다."

"무슨 고민?"

"저도 제 일반상대성이론 가지고 우주론으로 확장하는 일을 시도하고 있거든요."

"당연하지. 새 중력이론이 있으면 새 우주론 모델을 다시 만들어야지."

"천체의 중력에 관련된 시공간을 기술하는 것은 제 일반상대성이론입니다. 중력이 빛을 휘게 만드니까 우주 내에 존재하는 모든 은하의 중력은 우주공간 전체를 휘게 할 것 아닙니까. 왜냐하면 빛이 휘는 공간은 휜 공간이니까요."

아인슈타인은 조금 전 이용한 교구를 가리키며 말을 이었다.

"사실 여기서도 이 천은 면이 아니라 공간을 상징하지요. 즉 천은 야구공에 의해 휜 면이 되는 것이 아니라 휜 공간이 되는 것이지요. 그래서 저는 은하들의 중력이 마치 구면처럼 휜 공간을 만드는 우주의 모습을 생각하게 됐습니다."

"그거 좋은 생각이네! 말 돼! 그런데?"

"그런데 문제는, 제 우주는 부피가 유한하다는 겁니다. 부피가 유한하니까 우주 내 은하들의 개수 또한 유한합니다."

"알았다! 그러니까 내가 고민했던 것처럼, 우주가 금방 떡이 되는구나!"

"바로 그겁니다! 모든 은하의 중력이 서로 잡아당기는 쪽으로만 작용하기 때문에 제 우주는 금방 떡이 됩니다."

"그게 고민이야? 뭘 그렇게 간단한 걸 가지고. 우주가 무한하다고 우겨. 그럼 다 해결돼. 나도 그랬어."

"아이, 선배님은. 제 우주는 부피가 유한하다니까요."

"참, 그렇지. 그런데 우주가 유한하면 붕괴를 막을 방법이 없어."

"그래서 저도 다른 걸 우기기로 작정했습니다."

"뭘 우길 건데?"

"은하와 은하가 만유인력 때문에 서로 잡아당기기도 하지만 '척력' 때문에 서로 밀기도 한다고 우길 겁니다. 그러면 우주가 떡이 되는 걸 피할 수가 있잖습니까!"

여기서 연극 '뉴턴과 아인슈타인'은 끝났다. 관객들은 우레와 같은 박수를 보내며 일어섰다.

은하의 섬

연극 '뉴턴과 아인슈타인'을 관람한 우리는 지상 50층 건물인 로렌츠 호텔에 여장을 풀었다. 일단 코스모스에 입국한 이후로는 떠날 때까지 모든 것이 공짜였기 때문에 우리는 망설임 없이 49층에 있는 스카이라운지로 올라갔다. 카페 이름은 '유니버스'였다.

"Welcome, sir. Your travel card, please."

이상하게 생긴 로봇이 기계음이 섞인 목소리로 입구에서 우리를 맞이했다. 나는 여행자 카드를 주면서 빼놓았던 자동 번역기를 얼른 귀에 꽂았다. 여행자 카드를 받아 자기 손에 올려놓은 로봇은 기계음이 섞인 목소리로 말했다.

"카페 유니버스에 오신 것을 환영합니다. 선생님은 생일이 7월 27일, 사모님은 1월 17일이군요. 어느 분 별자리에 맞춰서 자리를 드릴까요?"

로봇의 손에 카드를 읽는 장치가 있었다. 하지만 로봇이 한 말이 무슨 뜻인지 몰라서 내가 어리둥절한 표정을 짓자 로봇이 자세히 설명해 주었다.

"여행 안내서에서 저희 카페 소개를 안 읽어 보셨군요. 저희 카페는 황도 12궁에 따라서 12종류의 테이블을 마련해 놓고 있습니다. 특별히 요청이 없으시면 선생님은 창가에 있는 사자자리 테이블을 드리겠습니다."

앞장선 로봇을 따라 터널을 지나자 아름다운 밤하늘이 천장에 펼쳐진 실내로 들어섰다.

"특별한 취향이 없으시면 칵테일은 '레굴루스'나 '목성의 추억'을 권해드리고 싶습니다."

"'레굴루스'가 뭡니까?"

"사자자리에서 가장 밝은 별의 이름입니다. 선생님이 사자자리 테이블에 앉으셔서 한번 권해드린 겁니다."

우리는 그렇게 하겠노라 대답하고 자리에 앉았다. 발밑으로는 49층 건물에서 내려다보이는 로렌츠시의 야경이 펼쳐졌다. 도시 전체가 거대한 현대 미술품처럼 아름답게 느껴졌다. 우리가 저녁을 먹고 연극을 관람했던 해변도 아스라이 보였다.

"와!"

아내와 나는 감탄을 금치 못했다. 놀랍게도 창밖 풍경을 임의로 바꿀 수도 있었다. 은하계에 아주 가까운 행성의 풍경을 선택했더니 찬란한 은하의 모습이 나타났다! 나도 모르게 벌떡 일어나 창가로 다가섰다.

충격의 연속으로 긴 하루를 보낸 우리는 자정이 넘어도 잠이 오지 않았다. 호텔 안내서 동영상을 보고 아내와 나는 호텔 노래방에 가기로 했다. 노래방 기기에서 대한민국을 선택하니 내가 아는 노래는 거의 다 있었다. 나는 신곡 '대덕밸리의 밤'을 시작으로 마이크를 놓지 않았다.

저 멀리 유성의 네온사인 불빛

갑천에 어리어 흔들리는 밤.

나도 모르게 핸들을 잡고

달콤한 꽃향기 따라 달리네.

한빛탑에서, 한빛탑에서 달을 바라보며

그대를, 그대를 그리워하네.

커피를, 커피를 마셔가면서

당신이, 당신이 오길 기다리네.

은은한 달빛은 부서져 내리고

과학축제의 불은 타오르네.

대덕 밸리의 밤은 깊어가고

그리운 당신은 오시지 않네.

(간주)

천문대에서, 천문대에서 별을 바라보며

그대를, 그대를 그리워하네.

술잔을, 술잔을 기울이면서

당신이, 당신이 오길 기다리네.

카이스트 불빛은 하나둘 꺼지고

동녘 하늘은 환하게 밝아오네.

대덕 밸리에 새벽이 찾아와도

그리운 당신은 오시지 않네.

대덕 밸리의 밤

둘째 날 오전 11시 시공간의 섬 로렌츠시 항구를 떠난 초특급 쾌속 여객선은 2시간이 지난 후에야 은하의 섬 호일시 항구에 도착했다. 눈부신 햇살, 시원한 바닷바람, 풍성한 해산물 점심과 함께한 상쾌한 여행이었다.

호일 항구에 내리자마자 제일 먼저 커다란 현수막이 눈에 띄었다.

우주는 처음이나 지금이나 똑같다!
달라진 것은 아무것도 없다!
                                        - 호일

"저게 무슨 말이야?"

아내의 질문에 나는 아무 대답도 할 수 없었다. 나도 무슨 말인지 전혀 몰랐으니까.

우리 일행 10여 명이 모두 내리자 여행 안내자의 설명이 있었다.

"여러분은 이제 호일시에 도착하셨습니다. 여러분은 3박 4일 코스를 선택하셨기 때문에 여기 호일시 관광을 마친 후 가모프시는 들리지 않고, 바로 허블 산을 등정하시게 되겠습니다. 허블 산꼭대기에는 지름이 2m나 되는 천체 망원경이 있습니다. 오늘 다행히 날씨가 좋아서 직접 천체 관측을 하시게 되겠습니다."

"저 현수막에 씌어 있는 말은 무슨 뜻입니까?"

내가 묻자 가이드는 기다렸다는 듯 대답했다.

"예. 이제 설명해드리겠습니다. 이 도시의 이름은 영국의 천문학자인 호일의 이름을 따 지은 것입니다. 호일은 저기 현수막에 씌어 있는 것처럼, 우주는 처음이나 지금이나 모습이 별로 달라지지 않았다고 주장했습니다. 여러분은 가모프시에는 가실 기회가 없습니다만, 거기 가시면 이 현수막 대신 이런 현수막이 걸려 있습니다.

우주는 계속 밀도가 떨어진다!
모든 원소는 태초에 다 만들어졌다!
                                        - 가모프

가모프는 미국의 천문학자인데요, 호일과 달리 우주는 시간이 지날수록 계속 밀도가 떨어진다는 우주론을 주장했습니다. 아직 무슨 말인지 잘 모르시겠지요. 허블 천문대에 올라가시면 더 잘 이해하시게 됩니다. 자, 그러면 여기서 한 시간 정도 자유로이 시내 관광을 하시고 이 자리에 오후 3시까지 다시 모여 주세요. 기념품들은 모두 공짜라는 사실 잊지 마세요!"

여행 안내자의 말이 떨어지자마자 사람들이 우르르 흩어졌다.

허블 천문대

허블 산은 높이가 약 500m 정도밖에 안 되는 낮은 산인데, 정상에 멋진 허블 천문대가 세워져 있었다. 케이블카가 다가갈수록 천문대의 초현대식 건물이 멋진 자태를 드러냈다.

케이블카에서 아내가 물었다.

"허블, 허블……, 어디서 많이 들어 본 이름인데, 허블이 누구지?"

"글쎄, 나도 잘 모르겠어."

케이블카에서는 은하의 섬 북쪽 해안이 잘 내려다보였다. 은하의 섬은 전체가 마치 하나의 커다란 나선 은하와 같은 모습을 하고 있었다. 케이블카에서 내리자마자 커다랗고 검은 담뱃대를 입에 문 백인 신사가 우리를 맞이했다.

"여러분, 여기까지 오시느라고 고생 많았습니다. 저는 에드윈 허블, 천문학자입니다. 자, 천문대 중앙 로비로 들어오시지요."

둥근 천문대 건물 1층 벽에는 많은 창문이 있어 마치 우리가 UFO 같은 것을 탄 것이 아닌가 착각하게 했다. 벽에는 많은 은하 사진이 걸려 있었는데, 다가가 자세히 보니 모두 3차원 입체사진이었다. 허블은 우리를 중앙에 있는 둥근 테이블 주위로 모이게 했다.

"자, 다 오셨지요. 그럼 홀로그램을 켜도록 하지요."

허블이 손에 들고 있던 리모컨 같은 것을 누르자 둥근 테이블 위에는 수많은 은하가 구면 위에 배치된 거대한 입체 영상이 나타났다. 마치 영화 '스타워즈'에서 은하 제국에 맞서 싸우던 반란군의 장군이 작전을 설명하기 위해 만들었던 '죽음의 별(Death Star)' 모형 같았다. 허블의 설명이 이어졌다.

"자, 여러분이 보고 계신 것이 아인슈타인 박사가 처음 생각했던 우주의 모습입니다. 여러분 로렌츠시에서 연극 '뉴턴과 아인슈타인' 잘 보셨지요? 제가 조금 보충 설명을 해드리자면 이렇습니다. 아인슈타인은 중력이 시공간을 휘게 만든다 생각하고 있었습니다. 따라서 은하들도 우주의 시공간을 일정하게 휘게 만들어서 여러분이 보시는 것과 같은 우주를 만든다고 생각했지요."

그때 로렌츠 특급에서 질문했던 흑인 신사가 물었다.

"박사님, 잠깐만요. 그런데 왜 속에는 은하가 없고 겉에만 은하가 있는 겁니까? 우주에는 이렇게 은하가 하나도 없는 공간이 있나요?"

"정말 훌륭한 질문입니다. 하지만 너무 어려운 질문입니다. 여러분이 보시는, 은하가 퍼져 있는 이 구면은 사실은 3차원 공간입니다. 즉 우주 그 자체지요."

"그러면 저 속으로 우리는 갈 수 없네요?"

"그렇지요. 우리는 3차원 공간을 벗어날 수가 없지요. 자, 그럼 설명을 계속하겠습니다. 연극 '뉴턴과 아인슈타인'에서 아인슈타인이 뭘 고민했는지 보시게 되겠습니다. 이 상태에서 모든 은하가 서로 잡아당긴다면 어떻게 될까요?"

허블이 리모컨을 누르자 은하들이 서서히 구면의 중심 쪽으로 움직이기 시작했다. 은하들은 점점 빨리 움직이더니 마지막에는 대단한 속도로 중심에 다 모여버렸다!

"이것이 바로 쉽게 함몰하는 아인슈타인 우주입니다. 아인슈타인은 바로 이걸 고민했던 것이지요. 그래서 아인슈타인은 척력을 우겼던 것입니다. 하지만 제가 1920년대 말 우주는 팽창하고 있다는 사실을 발견했습니다."

허블은 우주를 다시 원래의 모습으로 순식간에 되돌아가게 만들더니 이번에는 홀로그램 전체를 서서히 커지도록 만들었다. 빨간 화살표가 은하중의 하나를 가리켰다.

"자, 이것이 제가 발견한 팽창우주의 모습이고 이 은하가 우리은하라고 가정합니다. 그러면 우리로부터 2배, 3배, ……, 먼 은하는 2배, 3배, ……, 더 빨리 후퇴한다는 사실을 알 수 있습니다. 따라서 우주는 동적인 모습을 보여주게 됐고 아인슈타인은 이제 고민할 이유가 없어졌던 것입니다. 아인슈타인은 우주에 척력이 작용한다고 주장한 것에 대해 평생 최대의 실수를 했다며 많이 후회했답니다. 하지만 이 팽창우주에서 주의할 일은, 우리은하가 우주의 중심이라는 뜻은 결코 아니라는 사실입니다. 보시다시피 은하들 사이의 거리가 모두 멀어지고 있지 않습니까?"

"그런데 가만히 보니, 우주의 팽창이 점점 느려지네요?"

한 소년이 묻자 허블은 고개를 돌려 말했다.

"야, 이 학생 관찰력이 정말 놀랍네요. 사실 조금 어려운 내용이어서 설명하지 않고 넘어가려고 했는데 학생이 물었으니 답변을 해드리지요. 만일 이 우주가 아인슈타인 우주처럼 팽창하지 않고 가만히 있으면 금방 함몰하는 것을 조금 전에 보셨지요? 이 우주를 함몰시키는 힘, 즉 은하들 사이의 중력은 팽창우주에서도 존재하는 것입니다. 즉 우주가 태초의 대폭발 때문에 팽창은 하고 있지만, 은하들 사이의 중력 때문에 팽창 속도는 점점 느려지는 것입니다."

소년의 질문이 이어졌다.

"그럼 그렇게 느려지다 보면, 우주의 팽창은 언젠가는 멈추나요?"

허블은 소년이 귀여워 못 견디겠다는 듯 소년의 머리를 쓰다듬었다.

"그렇지! 우주의 운명은 두 가지가 있단다. 마치 하늘을 향해 던져진 돌이 다시 땅으로 떨어지든지 지구 밖으로 나가버리든지 둘 중의 하나인 것처럼 말이지."

소년이 잘 이해하지 못한 표정을 짓자 허블은 더 설명해 주었다.

"하늘을 향해 사람이 돌을 던지면 물론 열이면 열 다 떨어지지. 하지만 공기가 없다고 가정하면 초속 11.2km보다 빠른 속도로 던져진 돌은 다시 땅으로 떨어지지 않고 지구를 탈출하게 된단다. 하지만 어느 경우든지 돌은 서서히 느려지지. 마찬가지로 우주도 처음 대폭발의 세기가 컸으면 팽창 속도가 느려진다 해도 영원히 팽창할 수 있지. 물론 팽창을 멈출 수도 있고. 팽창을 멈추면 다시 수축하기 시작해야지. 이해할 수 있겠니?"

소년의 표정에는 환한 미소가 떠올랐다. 지식을 이해했을 때의 즐거움은 우리 인생에서 우리가 맞이할 수 있는 어떤 즐거움보다 큰 것이라는 말이 떠올랐다.

"그런데 대폭발이 뭡니까? 우주 초기에 대폭발이 있었습니까? 그건 아직 설명 안 해 주셨는데."

흑인 신사가 다시 허블에게 물었다.

"예. 소년에게 설명해 주다 보니 순서가 바뀌게 됐습니다. 죄송합니다. 그러면 지금부터 태초에 관해서 설명해드리겠습니다. 영화 필름을 거꾸로 돌리는 것과 마찬가지로 팽창우주를 과거로 시간을 거슬러 올라가면 아인슈타인 우주가 붕괴하는 것과 똑같은 일이 벌어집니다."

허블이 리모컨을 조작하자 모형 우주는 조금 전과 마찬가지로 다시 중앙의 한 점으로 모였다. 허블의 설명이 이어졌다.

"이처럼 어느 시점에 이르면 모든 은하가 한곳에 모이게 되는데, 바로 이 순간을 우리는 '태초'라고 부르는 것이지요. 태초의 우주는 엄청나게 밀도도 크고 무지막지하게 뜨거워야지요. 우주의 모든 물질이 한 점에 모여 있었으니 이는 당연한 일입니다. 이 상태에서 대폭발, 즉 빅뱅을 일으켜 팽창우주가 됐다는 것이 현대 우주론의 정설입니다. 이 빅뱅 우주론에서는 우주가 팽창을 거듭함에 따라 당연히 평균 밀도는 감소하고 배경 온도 역시 떨어집니다. 따라서 초기 우주의 모습과 진화가 상당히 진행된 후 우주의 모습은 완전히 다를 수밖에 없지요."

"그렇다면 우주 초기에 모든 은하가 콩보다도 작은 점에 모여 있었다는 말입니까? 저는 도저히 못 믿겠는데요."

흑인 신사의 말이었다.

"도저히 못 믿으시겠지요? 그래서 이런 우주론이 한때 주장됐습니다."

허블이 리모컨을 조작하자 우주가 다시 중앙의 한 점으로부터 팽창하기 시작했다. 하지만 처음에는 거의 없던 은하들이 팽창과 함께 계속 만들어졌다. 우주가 충분히 커지자 허블은 다시 우주를 축소했다. 그러자 물론 당연한 일이었지만, 은하들이 하나둘씩 없어지기 시작했다. 허블의 설명이 이어졌다.

"방금 말씀하신 분 같은 사람들이 이런 우주론을 주장했습니다. 즉 초기 우주가 모든 면에서 지금과 마찬가지였다는 주장이지요. 즉 우주가 과거로 거슬러 올라감에 따라 은하가 하나씩 없어지면 높은 밀도와 온도를 피할 수 있다는 얘기입니다. 따라서 시간이 제 방향으로 흐른다면 이 우주론에서는 은하가 금방 보신 것처럼 하나씩 생겨야 합니다. 그래서 이 우주론을 연속창생 우주론이라고 부르지요. 이 시작도 끝도 없는 이론에서는 예나 지금이나 우주의 모습이 똑같아야 합니다. 즉 우주가 팽창함에 따라 물질이 끊임없이 생겨나서 밀도의 변화에 아무런 변화가 없게 되지요. 현수막에 씌어 있던 이 말 기억납니까?"

허블이 리모컨을 누르자 다음과 같은 글씨가 모형 우주 한가운데에 아로새겨졌다.

> 우주는 처음이나 지금이나 똑같다!
> 달라진 것은 아무것도 없다!
> – 호일

"이제 이 말이 무슨 뜻인지 아시겠지요. 빅뱅 우주론이 맞느냐 연속창생 우주론이 맞느냐에 관한 5, 60년대의 논쟁은 과학사에서 유명한 사건이 돼 버렸습니다. 'BB가 맞느냐 CC가 맞느냐' 같이 표현되기도 한 이 대결에서 BB는 가모프를 중심으로 한 많은 미국 과학자들에 의해, CC는 영국의 호일, 본디 등 영국 과학자들에 의해 주장됐지요. 결국 BB 우주론이 이겼지요."

여기서 허블은 다시 리모컨을 눌렀다. 그러자 이번에는,

우주는 계속 밀도가 떨어진다!
모든 원소는 태초에 다 만들어졌다!
- 가모프

라는 글이 나타났다.

"여러분이 가모프시에 가시면 이런 현수막이 걸려 있습니다. 이제 이 뜻도 아시겠지요? 자, 그럼 골치 아픈 우주론 이야기는 여기서 마치도록 하고 이제 적당히 어두워졌으니 천체 망원경으로 밤하늘을 직접 관측하도록 하겠습니다."

그러자 일행 중에서 우리 부부처럼 한 번도 질문한 적이 없는 일본 여성이 허블에게 물었다.

"모든 원소가 태초에 다 만들어졌다는 말은 무슨 의미인가요?"

허블은 약간 난처한 표정을 짓더니 대답했다.

"그건 별의 섬을 관광하실 때 설명을 듣게 될 것입니다. 즉 태초의 고온을 유지하고 있는 우주에서 핵융합이 진행돼서 가벼운 원소로부터 무거운 원소가 합성될 수 있다는 말이지요. 연속항생 우주론에서는 그게 불가능하다는 말입니다. 일단 제 안내는 이것으로 마치고 도우미들의 도움을 받아 천체 관측을 하시게 되겠습니다."

우리에게 설명을 마친 허블이 사라지자 비슷하게 생긴 또 다른 허블이 나타났다. 우리 다음에 도착한 사람들을 안내하기 위해서였다. 새로 나타난 도우미의 안내를 받아 우리는 천문대 꼭대기에 있는 돔으로 올라갔다. 허블 천문대의 자랑 2m 반사 망원경은 지름이 20m나 되는 거대한 돔 안에 있었는데, 방문자가 직접 접안렌즈에 자기 눈을 대고 관측하게 돼 있었다. 겨우 10여 명밖에 안 되는 우리 일행은 마음껏 천체 관측을 즐겼다. 시야에 나타난 성운, 성단, 은하의 모습은 사진과 거의 구분이 안 될 정도로 크고 멋이 있었다.

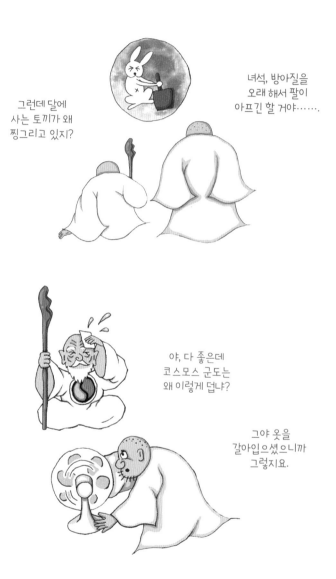

5

백조가 된 블랙홀

다시 불붙는 블랙홀 연구

앞에서 중성자성은 대략 수십 km의 크기를 갖는다는 사실을 알았지? 이런 중성자성이 존재하는 이상 반지름 3km 정도의 블랙홀 존재를 의심할 이유는 없지. 사실 질량이 해보다 30배 이상 큰 별들은 블랙홀이 될 수밖에 없다는 결론까지 나왔어. 블랙홀은 압력과 중력이 평형을 유지해 존재하는 것이 아니기 때문에 질량에는 한계가 없지. 원리적으로는 약 100,000분의 1g부터 무한대의 질량을 갖는 것까지 모든 경우가 가능해.

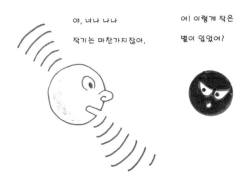

이리하여 1960년대에 이르러 블랙홀에 관한 연구가 불붙기 시작했고 미운 오리 새끼였던 블랙홀은 드디어 화려한 백조로 변신했어. 백조가 아니라 봉황이 된 느낌이지. 마침내 1969년 미국의 휠러(Wheeler)는 블랙홀이라는 이름을 지었어. 믿어지지 않는 일이지만, 사실 이전에는 블랙홀이란 이름조차 없었지. 블랙홀은 '얼어붙은 별', '붕괴한 별' 등의 이상한 이름으로 불려온 거야.

뉴질랜드의 커(Kerr)는 슈바르츠실트가 아인슈타인 방정식을 푼 지 거의 50년이 지난 1963년, 회전하는 블랙홀에 관한 답을 구했어. 슈바르츠실트가 구했던 답은 회전하지 않고 가만히 있는 블랙홀에만 맞는 것이었지. 그리하여 천문학에서 슈바르츠실트 블랙홀, 커 블랙홀이라는 말은 각각 회전하지 않는 블랙홀, 회전하는 블랙홀을 의미하게 됐어.

재미있는 것은 슈바르츠실트 블랙홀보다 커 블랙홀의 크기가 최고 절반까지 줄어든다는 사실이야. 즉 우리 해의 경우 커 블랙홀이 돼서 최대한 빨리 자전하면 반지름이 1.5km까지 수축해. 보통 물질은 빨리 자전하면 원심력 때문에 부피가 커지는데 블랙홀은 반대야.

이때까지만 해도 블랙홀이 뭐냐고 물으면 '별의 시체다' 답해서 틀리지 않았어. 하지만 최근 여러 은하의 중앙에서 우리 해보다 1백만 배 이상 질량이 큰 블랙홀들이 존재한다는 사실이 밝혀졌어. 대부분 은하 중앙에 거대한 블랙홀이 있다고 결론이 난 지 오래야.

블랙홀 2개를 이어놓은 것을 웜홀이라고 해. 웜홀은 중력이 만드는 통로인데 영어로 'worm hole', 즉 벌레 구멍이라는 뜻이야. 이 학술용어는 사과의 한 쪽 표면에서 다른 쪽 표면으로 기어가는 벌레가 구멍을 통해서 더 빨리 갈 수 있다는 것에서 비롯됐지. 뉴턴 때문에 중력을 설명할 때 늘 사과가 인용되는데 덕분에 사과 속 벌레 구멍까지 출세했어.

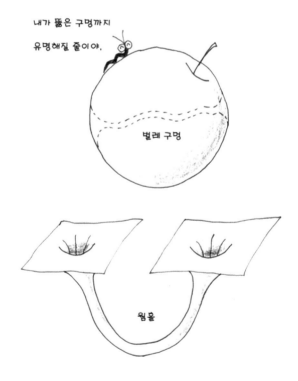

내가 뚫은 구멍까지
유명해질 줄이야.

벌레 구멍

웜홀

일반상대성이론에서 웜홀은 원래 블랙홀과 블랙홀을 연결하는 통로야. 중력장 방정식을 풀면 웜홀에 대한 답이 엄연히 있어. 그런데 문제가 있었지. 한쪽에서 블랙홀로 들어가 살아남아서 다른 쪽 블랙홀에 도달한다고 해도 빠져나갈 수 없기 때문이지. 따라서 이번에는 무엇이든지 내놓기만 하는 '화이트홀'이 출구에 있어야만 했어. 그래서 SF(과학소설, Science Fiction) 작가들은 화이트홀을 '발명'했지. 즉 블랙홀과 웜홀은 과학적 근거가 있지만 화이트홀은 없어. 화이트홀은 한동안 우리의 희망 사항으로 남아 있었지만 호킹(Hawkimg)이 작은 블랙홀은 화이트홀과 다름이 없다는 사실을 보여서 다소 과학적인 입지를 차지하기 시작했어.

전혀 불가능할 것 같은 웜홀 여행이지만 SF 작가들에게는 대단히 희망적인 뉴스가 아닐 수 없었어. 오늘날 우주를 배경으로 한 SF나 영화치고 웜홀을 통한 시공간 여행을 빌리지 않는 것은 거의 없다고 해도 과언이 아니야. 설사 우리 인류가 과학이 덜 진보해 웜홀을 통한 여행을 할 수 없다하더라도, 우리보다 더 발전한 외계 고등 생명체가 웜홀을 통해 우리에게 올 수 있다는 가정이 많은 SF의 토대가 되고 있지.

거 블랙홀

블랙홀은 세 가지 물리량, 즉 질량, 각운동량, 전하를 갖지. 이 중에서 각운동량은 회전하는 정도를 나타내는 물리량으로 커 블랙홀에만 해당하지. 이외의 다른 특성들은 모두 사건의 지평선 속으로 사라지는데, 이것을 가리켜 휠러는 '블랙홀에는 머리털이 없다(Black holes have no hairs)'라고 표현했어. 즉 머리털이 세 가닥 — 질량, 각운동량, 전하 — 만 남았다는 뜻이야.

커 블랙홀은 사건의 지평선이 2개 있고 특이점도 원 모양을 하고 있어. 또한 슈바르츠실트 블랙홀에는 없는 '회전 질량'이라는 것을 가지고 있지. 회전 질량은 블랙홀이 가장 빨리 회전하는 경우 총질량의 29%에 이르게 되는데, 중요한 사실은 이 질량은 추출될 수 있어! 그리고 추출된 질량은 공식 $E=mc^2$에 의해서 에너지로 전환할 수 있고!

또한 커 블랙홀은 에르고스피어(ergosphere)라는 영역이 있어. 이 말은 일이나 운동을 의미하는 그리스어 ergon에서 유래됐는데 이 안에서는 어떠한 물체도 운동하지 않을 수 없어. 영국의 펜로즈(Penrose)는 1969년 이 에르고스피어를 이용해 커 블랙홀의 회전 질량을 추출할 가능성을 처음으로 제안했지.

펜로즈에 의하면 운동권에 E_1의 초기 에너지를 가지고 들어온 물체가 둘로 갈라져 한 조각이 블랙홀로 떨어져 버리고 다른 한 조각이 E_2의 에너지를 가지고 블랙홀로부터 탈출하는 경우 회전 질량 추출 때문에 E_2가 E_1 더 클 수 있다는 거야. 이 과정을 우리는 '펜로즈 과정'이라고 부르는데 이 덕분에 펜로즈는 2020년 노벨 물리학상을 받게 되지.

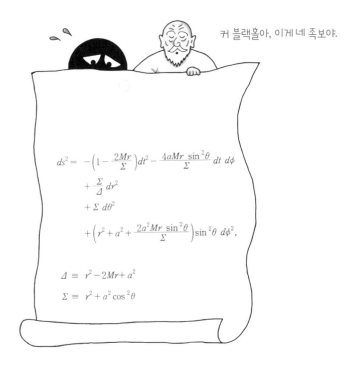

커 블랙홀아, 이게 네 족보야.

$$ds^2 = -\left(1 - \frac{2Mr}{\Sigma}\right)dt^2 - \frac{4aMr\sin^2\theta}{\Sigma}\,dt\,d\phi$$
$$+ \frac{\Sigma}{\Delta}\,dr^2$$
$$+ \Sigma\,d\theta^2$$
$$+ \left(r^2 + a^2 + \frac{2a^2Mr\sin^2\theta}{\Sigma}\right)\sin^2\theta\,d\phi^2,$$

$$\Delta \equiv r^2 - 2Mr + a^2$$
$$\Sigma \equiv r^2 + a^2\cos^2\theta$$

호킹의 흥부 블랙홀

공식 $E=mc^2$에 대해 좀 더 자세히 알아볼까? 여기서 E는 에너지, m은 질량, c는 광속을 의미하므로 에너지는 질량으로, 질량은 에너지로 전환될 수 있다는 의미를 지녀. 에너지는 흔히 빛, 즉 광자의 형태로 존재해. 따라서 공식 $E=mc^2$는 광자가, 예를 들어 전자와 같은 입자로 둔갑할 수 있다는 거야. 그런데 이 경우 전자만 생성되는 것이 아니고 반드시 전자의 반입자인 양전자까지 생성되지.

반입자란 무어냐고? 반입자란 질량은 같으나 전하가 다른 쌍둥이 입자를 말해. 예를 들어, (−) 전기를 띤 전자의 반입자는 양전자로서 (+) 전기를 띠고 있어. 따라서 전자는 e^-, 양전자는 e^+로 표시하지. 대부분 반입자는 입자의 기호 위에 줄을 그어 나타내. 예를 들어, 양성자 p의 반입자인 반양성자는 $\bar{p}$, 중성자 n의 반입자인 반중성자는 $\bar{n}$와 같이 나타내지.

따라서 γ로 표기되는 광자가 입자와 반입자를 쌍생성 시킨 경우 그림처럼 표현돼. 그림에서 화살표는 입자의 운동 방향이야. 입자는 또한 반입

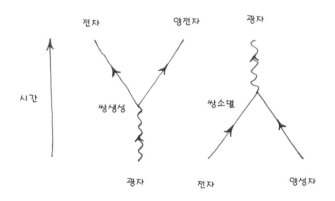

자와 쌍소멸 해 광자를 만들기도 해. 예를 들면 전자는 양전자와 쌍소멸 해 높은 에너지를 갖는 γ-선을 내. 현대 물리학에서 말하는 '진공'이란 아무것도 없는 공간이 아님에 유의해야 해. 진공에서도 입자, 반입자의 쌍생성, 쌍소멸이 끊임없이 일어나지. 쉽지?

호킹이 1974년 블랙홀도 여느 천체와 마찬가지로 빛을 낼 수 있다는 사실을 발표하자 블랙홀에 대한 과학자들의 태도는 급변하기 시작했어. 즉 블랙홀이 우리가 과거에 생각해 왔던 것처럼 괴물과 같은 존재가 아니라는 사실이 널리 받아들여지기 시작한 것이지. 더구나 블랙홀은 놀부처럼 남으로부터 빼앗기만 하는 것이 아니라 흥부처럼 베풀 수도 있다는 사실이 발견돼. 즉 호킹의 말대로 '블랙홀은 그다지 검지 않다(Black holes ain't so black)'가 맞는 셈이지.

앞에서 펜로즈 과정은 블랙홀 주위에서 에너지를 얻어낼 수 있다는 원리였지만, 이 경우 블랙홀이 내는 빛은 블랙홀 자신으로부터 방출되는 거야. 따라서 블랙홀은 점점 질량을 잃어 증발할 수도 있게 됐어. 이런 호킹의 블랙홀 증발 이론은 현대 물리학의 쌍생성과 쌍소멸로 가득한 진공에 근거를 두고 있지. 쌍생성된 입자들은 블랙홀로 둘 다 끌려 들어갈 수도 있고 하나만 끌려 들어갈 수도 있어. 흥미로운 것은 나중 경우야. 왜냐하면 외부의 관측자 측면에서 보면 마치 블랙홀이 갑자기 입자 하나를 만든 것처럼 보이기 때문이지.

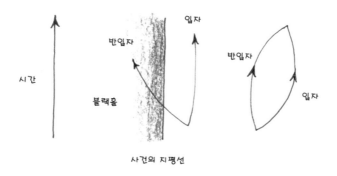

블랙홀 표면 전체에서 꾸준히 일어나는 이런 현상을 종합해 보면 우리는 블랙홀이 빛을 내는 것과 다름없다는 사실을 깨달아. 그리고 마침내는 블랙홀이 없어지는 것이지. 이때 블랙홀이 내는 빛을 '호킹 복사'라고 해.

블랙홀의 증발 현상은 질량이 작으면 작을수록 더욱 두드러지지. 호킹에 의하면 블랙홀 온도는 질량에 반비례해. 따라서 아주 조그만 블랙홀은 폭발이나 다름없는 과정을 거쳐서 증발해 버려. 즉 조그만 블랙홀은 앞서 언급한 화이트홀과 조금도 다를 바가 없는 거야. 따라서 질량이 작으면 작을수록 블랙홀의 수명도 짧아져.

이리하여 블랙홀은 여느 천체처럼 표면온도도 정의되고 표면에서 전자기장도 형성될 수 있는 천체가 됐어. 그러자 '블랙홀 열역학', '블랙홀 전기역학' 같은 물리학의 새로운 분야가 곧 자리를 잡아. 블랙홀 전기역학에 따르면 블랙홀의 표면에는 전류도 흐르고 저항도 걸리게 되며 자기장까지도 생각할 수 있어.

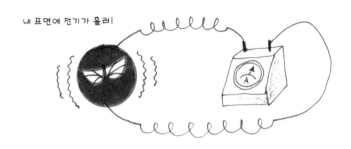

X-선으로 찾는 블랙홀

블랙홀에 대해 확신을 하게 된 과학자들은 1960년대 말 드디어 우주에 있는 블랙홀을 실제로 찾는 일에 착수했어. 캄캄한 우주에 혼자 있는 블랙홀을 찾기란 물론 쉬운 일은 아냐. 그 해답의 열쇠는 쌍성이 쥐고 있지. 쌍성의 두 별이 동시에 태어났다고 하더라도 수명이 같을 수는 없어. 아직 한 별이 한창 젊을 때 질량이 더 큰 다른 별이 짧고 굵게 진화해 블랙홀이 됐다고 가정해 봐.

두 별 사이의 거리가 매우 가깝다면 강한 중력을 가진 블랙홀은 상대적으로 구조가 허술한 동반성으로부터 물질을 빨아들이기 시작해. 그런데 두 별은 서로 공전하고 있으므로 끌려오는 물질은 곧바로 블랙홀로 떨어지지 못하고 그 주위에 원반을 형성하게 되지. 이 원반을 우리는 '유입 원반'이라고 해.

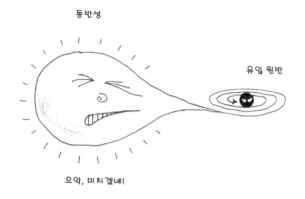

동반성

유입 원반

으악, 미치겠네!

원반 안에서 나중에 유입된 물질은 먼저 유입된 물질 때문에 곧 블랙홀로 떨어지지 못하고 순서를 기다리며 원반 바깥쪽에서 회전하게 되지. 그런데 원반 내에서도 먼저 유입된 물질은 나중에 유입된 것보다 더 빨리 회전하므로, 회전 속도가 다른 안쪽과 바깥쪽 물질의 마찰로 온도를 수백만 도까지 상승시켜. 그리고 이 과정에서 에너지가 높은 X-선이 방출되는 거야. 쉽지?

문제는 어떻게 그 X-선을 관측할 수 있느냐 하는 것이야. 우리 지구의 대기는 가시광선(보통 빛)과 전파를 제외하고는 우주에서 날아오는 모든 빛을 차단하기 때문이지. 그리하여 인공위성에 X-선을 검출할 수 있는 망원경을 실어 대기권 밖으로 쏘아 올리는 일이 계획됐고 마침내 1970년, 미국 NASA는 우후루(Uhuru)라는 이름을 가진 관측 위성을 발사해. 우후루는 스와힐리 말로 '자유'를 의미하는데, 이 위성이 적도 궤도 진입을 위해 아프리카 케냐에서 발사됐기 때문에 그렇게 명명했지. 우후루는 약 3년간 지구를 공전하면서 339개나 되는 X-선 천체를 발견했어. 그중 상당수는 블랙홀일 거야.

흠, 블랙홀 주위에서 확실히 X-선이 강하게 나오는구먼.

매일 나만 이런 거 시켜.

펄사의 정체가 1969년 골드라이크(Goldreich)와 줄리안(Julian)에 의해 중성자성으로 밝혀지자 1973년 미셸(Michel) 등 여러 과학자가 중성자성의 강력한 자기권 방정식, 즉 펄사 방정식을 동시에 찾아내. 중성자성이나 블랙홀은 유입 원반의 도움을 받아 회전축 양쪽으로 강력한 제트(jet)를 뿜어내기도 해. 강력한 플라스마 흐름을 기술하는 제트 방정식은 1975년 오카모토(Okamoto)에 의해 제안돼 고에너지 천체물리학은 비약적 발전을 맞이하게 되지.

퀘이사의 수수께끼

빅뱅 우주론은 1963년 수수께끼의 천체 퀘이사(quasar)가 발견되면서 미궁에 빠지는 듯했어. 퀘이사들을 관측한 결과 대부분 수십억 광년 떨어져 있었기 때문이지. 허블의 법칙에 의하면 먼 은하일수록 더 빨리 멀어져야 하므로 퀘이사들은 거의 광속에 가깝게 후퇴하고 있어야 해.

왜 이렇게 빨리 멀어지는 거야?

그런데 무엇보다도 천문학자들을 당황하게 만든 것은 퀘이사의 밝기였어. 그렇게 먼 거리에서 그 정도의 밝기로 빛나려면 우리은하의 밝기를 한 점에 다 모아 놓아야만 해. 하지만 퀘이사의 에너지원은 우리 태양계 크기밖에 되지 않는다는 사실이 다시 알려졌어. 즉 태양계 만한 에너지원에서, 별이 천억 개나 모인 우리은하의 총 밝기에 해당하는 에너지가 나오고 있다는 믿지 못할 결론이 내려졌지. 그리하여 퀘이사의 수수께끼는 날로 더해 갔어.

그러자 자연히 일부 천문학자들은 허블의 팽창우주론이 과연 맞는 것인지 의심하기 시작했지. 퀘이사까지의 거리 수십억 광년을 과연 믿을 수 있는 것인가 하는 식의 의심이 증폭됐어. 퀘이사의 정체는 과연 뭘까?

① 은하핵

② 무지무지하게 큰 별

③ 은하가 촘촘히 모여 있는 은하단

④ 수많은 초신성이 연속적으로 터지는 은하

이번에도 역시 가장 긴 ④번이 정답이다. 할 줄 알았지? 이번에는 가장 짧은 ①번이 정답이야. 퀘이사는 비정상적으로 밝은 은하핵이지. 퀘이사의 이론을 정립시키기 위해 많은 과학자가 고심하는 가운데, 거대한 블랙홀이 퀘이사의 중앙에 숨어 있다고 가정하면 문제가 쉽게 풀린다는 사실이 밝혀졌어. 블랙홀 질량이 해 1억 배 정도 되면 주위의 유입 원반으로부터 충분히 은하 밝기 정도의 에너지를 꺼낼 수 있다는 것이 이 이론의 골자야.

해 질량 1억 배 블랙홀이 매력적인 이유는 우선 그 크기에 있어. 블랙홀의 크기는 질량에 비례하므로 해와 같은 질량을 갖는 블랙홀의 반지름이 3km라는 점을 고려할 때, 해 질량 1억 배 블랙홀의 반지름은 3km의 1억 배, 즉 3억 km가 되지. 이것은 해와 화성 사이의 평균 거리, 즉 화성 공전 궤도의 반지름 정도보다 조금 커. 따라서 에너지원이 태양계만 해야 한다는 조건에 완벽하게 들어맞아.

거대한 블랙홀

최근 관측 자료들은 대부분 은하 중앙에 해 질량의 수백만 배에서 수십억 배에 이르는 블랙홀이 존재함을 확인시켜 주고 있지. 해 질량 1억 배 블랙홀은 빨리 회전하면 하루에 약 10바퀴 정도 돌 수 있어. 이 블랙홀이 주위 유입 원반이 만드는 강한 자기장 속에 놓인 경우, 직관적으로 마치 발전기에서처럼 어떤 에너지 현상이 일어나게 되리라고 기대할 수 있어.

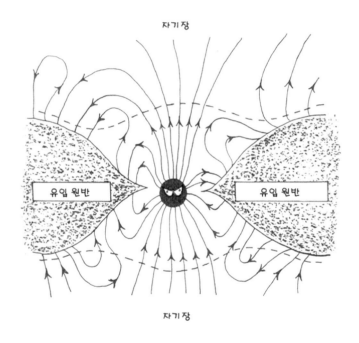

커 블랙홀의 경우는 총질량의 29% 이내의 값을 갖는 회전 질량이 있고, 이것은 펜로즈 과정과 같은 경로를 통해 추출될 수 있다는 사실을 살펴봤어. 만일 거대한 블랙홀이 비교적 큰 각운동량을 가진 커 블랙홀이라면,

회전 질량이 총질량의 10%만 돼도 $E=mc^2$ 공식에 의해서 환산되는 추출 가능 에너지의 양은 엄청나.

예를 들어, 해 질량 1억 배 블랙홀에서 10% 회전 질량을 뽑아 쓴다면 약 10억 개의 은하를 1년 동안 빛나게 할 수 있어. 따라서 우리가 이 에너지를 이용할 수 있는 어떠한 이론만 세울 수 있으면, 유입 원반에서의 에너지 추출과 결합해 더욱 완벽한 퀘이사의 이론을 갖게 되는 거야.

사실 펜로즈 과정이 제안되자마자 많은 과학자는 역학적인 방법을 이용한 블랙홀 에너지의 추출을 시도했어. 이를테면 거대한 블랙홀 주위로 접근한 별이 기조력에 의해 파괴돼 펜로즈 과정을 거치는 식이지. 그러나 별의 속도가 광속에 가까울 때만이 비로소 이런 방법이 천체물리학적으로 흥미로울 수 있다는 사실이 지적돼 역학적인 방법은 기대하기 힘들게 됐어.

더 믿을 만한 전기역학적 블랙홀 에너지 추출 이론이 70년대 말 영국의 블랜퍼드(Blandford) 등에 의해서 제안됐어. 이런 이론이 가능하게 된 것은 거대한 블랙홀이 강한 자기장 안에 놓여 있는 상황에서 블랙홀 열역학이나 블랙홀 전기역학이 적절하게 응용됐기 때문이지. 일부 은하핵 블랙홀은 회전축 양쪽으로 강력한 제트를 뿜어내기도 해. 제트의 길이가 몇십만 광년에 이르는 것을 보면 블랙홀 에너지가 얼마나 무시무시한지 짐작을 할 수 있지.

설마 포기를 안 한 학동 없지?

☸ 블랙홀은 다시 '백조'가 됐다.

- 커는 1963년 아인슈타인 방정식을 회전하는 블랙홀에 대해 풀었다.

- 휠러는 1969년 블랙홀이라는 이름을 지었다.

- 블랙홀, 웜홀의 이론이 세워지고 화이트홀이 등장했다.

☸ 웜홀은 이론상 우주여행을 가능하게 했다.

- 외계생명체끼리 교신하는 방법은 웜홀을 통하는 것이 가장 그럴듯하다.
- '외계생명체 = UFO'는 아니다.

☸ 커 블랙홀의 회전 질량은 추출할 수 있다.

- 펜로즈 과정은 구체적인 에너지 추출과정이다.

☸ 에너지는 질량으로, 질량은 에너지로 전환될 수 있다.

- 입자는 반드시 반입자와 함께 쌍생성, 쌍소멸한다.

- 호킹은 블랙홀이 그다지 검지 않다고 말했다.

☸ 블랙홀은 유입 원반 때문에 X-선으로 찾아낼 수 있다.

☸ 퀘이사는 은하핵으로 거대한 중앙 블랙홀 에너지로 빛난다.

- 블랙홀 전기역학, 블랙홀 열역학 등으로 설명할 수 있다.

6

우주의 진화

원시 블랙홀

빅뱅 우주의 태초에는 조그만 블랙홀들이 무수히 태어날 수 있다는 사실이 구소련의 젤도비치(Zeldovich)와 같이 호킹에 의해 각각 독립적으로 제안됐어. 이런 블랙홀을 우리는 '원시 블랙홀'이라고 불러. 원시 블랙홀의 질량은 100,000분의 1g보다 크면 돼. 여러 가지 연구에 따르면 원시 블랙홀의 질량 한계는 해 질량 정도야. 따라서 원시 블랙홀은 대체로 아주 작다고 말할 수 있다. 예를 들면 약 10억 톤의 질량을 갖는 원시 블랙홀의 경우 그 크기는 겨우 양성자만 해.

이런 원시 블랙홀이 보통 천체와 같이 초속 수백 km의 속도로 우주공간을 날아다니면 여간해서 다른 천체에게 중력으로 포획되지 않아. 하지만 다른 천체와 충돌하면 이야기가 달라져. 1908년 소련 퉁그스카(Tungska)에서 일어났던 대폭발 사건을 마침 그곳에 떨어진 원시 블랙홀 때문이라고 주장하는 논문이 유명한 과학 잡지에 실린 적도 있어. 그렇게 조그만 블랙홀이 지구에 충돌하면 혜성이나 소행성이 지구에 충돌하는 것과 거의 비슷한 피해를 줄 수 있다니 놀라울 따름이야. 더구나 그 원시 블랙홀은 지구를 관통해 반대쪽 바다로 빠져나갔다는 거야!

와, 나를 뚫고 지나가네!

그러나 무엇보다도 원시 블랙홀이 우리의 흥미를 끄는 이유는 앞에서 알아본 블랙홀의 증발 현상 때문이야. 호킹에 의하면 블랙홀은 질량이 작으면 작을수록 더 격렬하게 증발해 버리기 때문에 원시 블랙홀 중에서 질량이 작은 것들은 이미 증발해 이 우주에서 사라져버렸다고 생각할 수 있어.

우주의 나이를 약 150억 년으로 본다면, 질량이 약 10억 톤보다 작은 원시 블랙홀은 이미 빛으로 바뀌어 버렸어야 해. 블랙홀의 증발은 매우 격렬한 현상이어서 파장이 짧은 γ-선을 내. 호킹이 블랙홀의 증발 이론을 꺼내자마자 많은 과학자가 원시 블랙홀이 방출할 수 있는 γ-선의 세기와 분포에 관해 연구하기 시작했어. 그 계산 결과에 따르면 관측값에는 미치지 못하는 것으로 나왔지.

하지만 이것으로 원시 블랙홀의 존재를 부정할 수는 없어. 원시 블랙홀은 거대한 밀도와 엄청나게 뜨거운 온도를 갖는 태초의 자연스러운 생산물이기 때문이지. 실제로 무수히 많은 원시 블랙홀들이 우리 태양계 속을 유유하게 날아다니고 있을지도 몰라. 그중 몇 개를 잡아서 그것들의 증발 에너지를 이용해 전력을 생산하는 이야기를 담은 SF가 있다면 상당히 과학적이라고 할 수 있어.

암흑물질로서의 블랙홀

현대 우주론의 가장 큰 문제 중 하나는 우주가 거의 평평하다는 사실이야. 즉 우주가 4차원 구, 말안장 어느 모양이든 약 0.00……0045(0이 모두 30개) g/㎤ 근처라는 말이지. 그렇다면 별과 은하 같은 천체들의 평균 밀도는 겨우 5%밖에 안 돼. 따라서 보이지 않는 물질과 에너지가 우주에 충만하다고 믿지 않을 수가 없어. 그 물질을 '암흑물질', 그 에너지를 '암흑 에너지'라고 불러. 암흑물질은 약 30%, 암흑 에너지는 약 65% 정도 존재해야 해.

　암흑물질의 정체 규명 문제는 현대 우주론에서 가장 중요한 문제 중 하나야. 가장 확실한 후보는 중성미자야. 중성미자는 우주에 빛(광자)만큼이나 흔한 입자라 질량이 아무리 작아도 암흑물질 대부분을 설명할 수 있어. 그래서 중성미자의 질량을 정확히 알아내는 일에 과학자들의 관심이 쏠려 있지.

　원시 블랙홀은 중성미자만큼은 아니어도 또 하나의 훌륭한 암흑물질 후보야. 원시 블랙홀은 이론에 따라 얼마든지 만들어질 수가 있기 때문이야. 암흑물질에도 여러 종류가 있어서 복합적으로 작용할 확률이 커.

인플레이션과 웜홀

코비(COBE, The Cosmic Background Explorer)라고 명명된 관측 위성은 1989년 우주공간에 올려지면서 우후루만큼이나 충격적인 결과를 보내왔으니, 바로 우주배경복사가 완벽하게 등방적이라는 사실이야. 이는 우주의 한 방향을 관측하나 그 반대 방향을 관측하나 우리가 받는 정보는 똑같다는 뜻인데, 이것은 정말 신기한 일이 아닐 수 없어. 왜냐하면 우주배경복사는 전파이기 때문에 모두 광속으로 우리에게 접근해 왔기 때문이야.

즉 전화나 전보가 없던 조선시대 두 전령이 평양과 전주로부터 그 당시 가장 빠른 운송 수단인 말을 타고 최대한 빨리 달려와 임금에게 올린 정보가 완벽하게 똑같다면 이해가 갈 수 있어? 이런 수수께끼의 해답으로서 미국의 구스(Guth)는 인플레이션(inflation) 우주론을 도입했지. 인플레이션이라는 말은 태초 어느 순간 우주가 갑자기 비정상적으로 엄청나게 커졌다는 것을 의미해. 즉 처음에는 느리게 팽창하다가 인플레이션이 일어나 부쩍 더 빨리 팽창한 후 다시 느린 팽창으로 돌아갔다는 말이야.

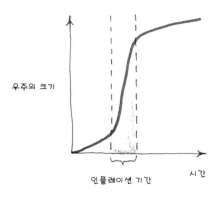

인플레이션 우주론에서는 인플레이션이 일어나기 전 모든 물질이 잘 뒤섞일 만큼 매우 작았어. 그 후 인플레이션이 일어나 100···(0이 30개 이상)···00배 이상 부쩍 커진 우주에서 퍼지기 시작한 우주배경복사는 등방적일 수밖에 없지. 예를 들어 강릉에 같이 있던 두 전령이 정보를 공유하고 각각 평양과 전주로 엄청나게 빠른 공간이동을 한 후, 즉 인플레이션을 한 후 한양으로 말을 타고 왔다면 앞의 수수께끼가 설명되는 거야. 쉽지?

인플레이션을 도입하면 우주가 거의 평평하다는 사실도 자연스럽지. 왜냐하면 풍선을 엄청나게 크게 불면 그 표면은 평면에 가까워질 수밖에 없으니까. 우주가 인플레이션을 하는 동안은 아인슈타인이 주장했던 척력이 작용하는 경우와 완전히 같아. 즉 우주 척력이 작용해 팽창을 아주 효과적으로 진행했다고 생각하면 되지. 따라서 최소한 인플레이션이 진행되는 동안 아인슈타인의 주장이 결코 억지만은 아니었던 거야!

양자 물리학의 관점에서 볼 때 인플레이션은 우주가 시작된 지 1초(!) 이내에 일어나야 해. 고체가 액체로, 액체가 기체로 바뀌는 것을 '상전이'라고 말하는데, 이와 원리적으로 비슷한 일들이 태초에 벌어져. 예를 들어

−5℃인 얼음을 가열하면 온도가 서서히 올라 0℃가 되지만, 계속 가열해도 온도는 0℃에서 더 이상 오르지 않아. 왜냐하면 녹아서 물이 되는데 열이 소모되고 있기 때문이지. 얼음이 물로 다 녹은 뒤에야 비로소 온도는 다시 상승하기 시작하는 거야.

여기서 상전이 자체가 에너지를 머금고 있다는 사실을 알 수 있어. 태초 상전이 에너지가 공간으로 방출되면 공간은 급속한 팽창을 하게 된다는 것이 양자 물리학적 인플레이션 우주론의 근거야. 쉽지? 그런데 연못에 물이 얼 때 온도가 0℃가 정확히 되는 순간 물이 한꺼번에 다 얼음으로 되는 건 아냐. 온도가 내려가면 연못 여기저기 얼음의 결정이 생기고 번져서 마침내 연못 전체가 얼게 되지.

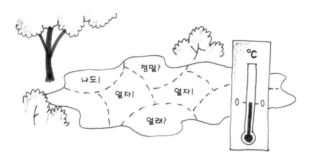

이와 마찬가지로 인플레이션도 전 우주공간에서 일제히 시작되고 일제히 끝나지는 않았을 거야. 흥미로운 경우는 우주의 다른 부분에서 인플레이션이 모두 끝났는데도 불구하고 아직도 한 부분에서 인플레이션이 계속될 때야. 일본의 사토(Sato)와 구소련의 린데(Linde)는 이 경우 아기 우주가 태어나야 한다는 사실을 주장했어. 물론 아기 우주는 닫힌 우주라야지.

아기 우주는 어미 우주와 웜홀로 연결돼. 즉 웜홀은 마치 아기 우주의

'탯줄'과 같은 역할을 맡고 있지. 웜홀은 불안한 존재로서 보통 곧 사라져. 웜홀이 사라지면 아기 우주로부터 어미 우주로 연락할 방법은 없어. 서로 평행 우주 관계에 있게 돼. 또한 아기 우주는 또다시 자신의 아기를 낳을 수도 있고. 인플레이션이 계속 진행되기만 한다면 우주는 순식간에 손자 우주, 증손자 우주…… 등으로 '거품'처럼 번식해 무수히 많은 평행 우주가 돼. 이런 우주를 가리켜 거품, 버블(bubble) 우주라고도 하지.

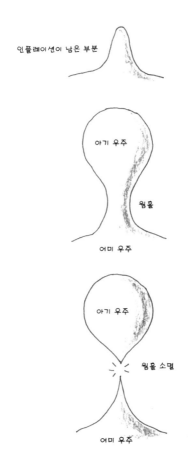

즉 우주는 진공 덩어리로 태어나 태초를 맞이하게 돼. 무수히 태어나는 거품과 같은 진공 덩어리 중에서 어떤 것은 너무 밀도가 높아 빅뱅 직후 바로 빅 크런치로 소멸해. 우리는 무수한 진공 덩어리 중에서 바로 소멸하지 않는 운명을 타고난 우주에서 사는 거야! 우리 모두 엄청 운이 좋은 거야!

버블 우주론이 맞는다면 우리는 몇 번째로 태어난 우주에 살고 있을까?

① 제일 첫 번째 우주
② 두 번째 우주
③ 제일 마지막에 태어난 우주
④ 알 수 없다

길이는 짧지만 ④번이 다시 정답이야. 왜냐하면 우주들 사이의 웜홀은 모두 사라져서 이 우주론의 '족보'는 전혀 남아 있지 않기 때문이지.

앞에서 상전이란 물질이 고체에서 액체로, 액체에서 기체로 변하는 것과 같은 현상을 일컫는 말이라고 설명했어. 그러면 태초 인플레이션을 유발하는 우주의 상전이는 무엇이 무엇으로 변하는 것일까? 놀랍게도 진공에서 또 다른 진공으로 상전이 하는 거야. 앞에서 진공이란 아무것도 없는 공간을 의미하는 것이 아니라 끊임없이 입자와 반입자가 쌍생성하고 쌍소멸하는, 에너지가 충만한 공간을 의미한다고 기술한 바 있어.

따라서 65%나 해당하는 암흑 에너지를 설명할 수 있는 유일한 길은, 현재로서는 진공 에너지밖에 없어! 그런데 우주가 팽창하면 부피가 늘어나니까 진공 에너지의 비중이 점점 더 커져. 그러면 척력이 작용하는 것과 마찬가지인 효과가 점점 두드러지게 돼. 즉 우주의 팽창이 가속되는 거야. 슈미트(Schmidt), 리스(Riess), 펄머터(Perlmutter)는 은하의 초신성을 관측하고 후퇴속도가 가속됨을 증명해 2011년 노벨 물리학상을 받아.

태초와 종말

우주 탄생한 후 약 3분이 지나 수소 3/4, 헬륨 1/4로 구성된 우리 우주의 모습이 정해졌다는 것은 이미 앞에서 설명했어. 또한 우주 탄생한 후 약 300,000년이 지났을 때 우주는 흐렸다가 갑자기 맑아져 이때 퍼져나가기 시작한 빛이 바로 오늘날 우리가 관측하는 우주배경복사라는 것도 이미 앞에서 설명했지.

첫 세대 별들이 수소와 헬륨으로 구성된 성운에서 태어나 은하를 형성해. 성운이 중력 수축함에 따라 온도가 상승하고 10,000,000℃를 넘으면 핵융합으로 별이 빛나기 시작하고. 질량이 비교적 큰 것들은 초신성 폭발로 탄소, 질소, 산소 등의 원소를 우주공간에 퍼트리지. 첫 세대 별들이 죽어서 남긴 물질에서 다음 세대의 별인 우리 해가 태어나. 그러니까 사람이고, 동물이고, 식물이고, 산이고, 바다고…… 모두 별에서 온 거야.

원시 태양계에서 해는 가벼운 수소와 헬륨을 바깥쪽으로 날려 보내고 무거운 철, 규산염 등과 같은 물질만 남겨. 그래서 수성, 금성, 지구, 화성은 작고 고체로 이뤄진 표면을 지니지만 목성, 토성, 천왕성, 해왕성은 크고 유체로 이뤄진 표면을 갖지. 거기다가 해는 가늘게 오래 살지? 그러니까 생명체가 진화할 수 있는 물질과 충분한 시간이 있었지. 만일 해의 수명이 1억 년이었다면 우리는 없는 거지.

빅뱅

으린 우주

맑은 우주

별과 은하의 탄생

태양계의 탄생

현재

이 우주는 대부분 수소와 헬륨으로 구성돼 있지만 끊임없는 별의 핵융합 과정에 의해 언젠가는 수소와 헬륨이 고갈된 거야. 이때가 되면 별의 탄생은 더 이상 일어나지 않아. 따라서 은하들은 더 이상 밝은 별들을 갖지 못하고 백색왜성, 중성자성, 블랙홀과 같은 별들의 시체만을 지니게 돼. 이것은 앞으로 약 1조 년 뒤의 일이야.

우주는 무한히 팽창을 계속하든지 팽창을 멈추고 다시 수축해 태초의 모습으로 되돌아갈 수밖에 없어. 4차원 말안장 모양 우주의 경우는 물론이고 4차원 구 모양 우주에서도 밀도가 임계밀도에 가까우면 우주의 수명은 매우 연장되지. 이 경우 100…(0이 27개)…00년 정도가 지나면 각 은하는 모두 거대한 블랙홀로 바뀌어 있을 거야. 즉 중앙의 거대한 블랙홀이 이미 시체로 변한 별들을 포획하는 과정을 밟게 되는 것이지.

100…(0이 31개)…00년이 지나면 마찬가지 원리로 은하단 전체가 하나의 거대한 블랙홀이 돼. 이론적으로 100…(0이 100개)…00년 정도가 지나면 이 블랙홀들이 증발하게 된다지만 더 이상 언급하는 일이 의미가 있는 것인지 나도 몰라. 스승님께 여쭤 봐야지.

포기를 안 한 학동 없지?

🐢 빅뱅 우주 태초에 조그만 원시 블랙홀이 많이 태어날 수 있다.

　- 호킹 복사 때문에 소멸한다.

　- 암흑물질의 하나일 가능성도 있다.

🐢 우주의 상전이로 인플레이션 우주가 태어난다.

　- 인플레이션은 아기 우주를 태어나게 한다.

　- 탯줄 웜홀이 끊어진 아기 우주는 평행 우주가 된다.

🐢 별의 핵융합으로 수소와 헬륨은 점점 고갈된다.

　- 우주는 결국 블랙홀로 종말을 맞이한다.

코스모스 군도 여행 3

오페라 '우주의 탄생'

허블 천문대에서 케이블카로 내려온 우리는 호일시 복판에 있는 본디 호텔에 여장을 풀었다. 본디 역시 연속 창생 우주론을 주장한 영국 우주론 가다. 저녁 식사를 마치니 밤 일정으로 호일시 오페라 하우스 방문이 잡혀 있었다. 우리 부부는 매우 피곤했지만, 그 유명한 오페라 '우주의 탄생'을 놓칠 수는 없어 오페라 하우스를 향했다.

"여러분들은 모두 수학 시험을 통과한 분들입니다. 그런데도 우리 코스모스 공화국에서는 그동안 가능하면 수학을 사용하지 않고 관광 안내를 해드리려 노력했고, 사실 카페 스페이스 타임에 머무실 때와 전시물이나 시설물 견학을 하실 때를 빼놓고는 수학이 나오지 않았습니다. 하지만 오늘은 다릅니다. 오늘 오페라 3막에서는 어쩔 수 없이 10의 거듭제곱 정도의 수학이 다시 나오게 돼 있습니다. 이 점 양해하시고, 만일 피곤하시거나 도저히 이해가 안 될 것 같으시면 2막이 끝난 후 먼저 숙소로 돌아오십시오."

새로 바뀐 여행 안내자의 설명이었다. 오페라 하우스에 모인 관광객은 우리 일행을 비롯해 모두 150명가량 됐다. 지정된 좌석을 찾아가자 푹신한 의자 위에서 아름다운 오페라 안내 책자가 우리를 기다리고 있었다. 대충

훑어보니, 파우스트를 닮은 젊은 과학자를 메피스토펠레스 같은 좌절이라는 악마가 유혹하지만, 신과 같은 우주에 의해 구원받아 결국 우주 탄생의 비밀을 알아낸다는 줄거리였다.

이윽고 장내가 조용해지자 객석의 조명이 꺼지고 웅장한 서곡과 함께 오페라 '우주의 창조'가 시작됐다. 1막은 역시 소문대로 우주의 진리를 추구하는 젊은 과학자 개인의 고뇌를 그린 명작이었다. 유명한 아리아 '나그네의 밤 노래'는 1막의 분위기를 잘 말해 주었다.

나그네의 밤 노래

적막한 숲속의
푸른 달그림자,
희미한 밤안개 꿈결같이 내릴 때

쓸쓸히 들려오는
나그네의 노래,
창백한 얼굴에 흐르는 별빛

무리진 달빛 따라
오늘 밤도,
그를 찾아 아련히 헤맸건만

기울어진 은하수
차가운 이슬,
그리움에 지새는 구슬픈 노래

2막에서는 장중한 합창이 주로 이어졌다. 하지만 합창 되는 노래의 가사가 자동 번역기를 통해서 잘 전달되지 않았다. 아무리 첨단 기계라고는 하지만 합창 가사를 정확히 전달하는 데에는 무리가 따랐다. 안내 책자를 참고할 수밖에 없었는데 그나마 실내가 어두워 거의 불가능했다. 코스모스 군도에 와서 처음으로 불편함을 느꼈다.

합창은 주로 우주의 진화를 묘사하는 것 같았다. 언뜻 듣기에는 BB 우주론과 CC 우주론의 대립에 대해서도 노래하는 것 같았다. 하지만 이게 웬일인가! 나는 2막 중간에서 그만 잠들어버리고 말았다! 어두운 실내, 푹신한 의자, 약간의 피로, 못 알아듣는 합창……, 완벽한 조건이었다. 굳이 변명하자면 음악에 취해 나도 모르게 잠들었다고 할까.

깨어나 옆을 보니 아내는 눈을 뜨고 있었지만 나보다 조금 먼저 일어난

눈치였다. 나에게 잠들었다고 잔소리를 안 하는 것을 보면 확실했다. 무대에서는 3막이 한창 진행 중이었다. 하지만 이제는 분위기가 1막과 완전히 달랐다. 희망과 자신에 가득 찬 주인공이 관객들을 향해 우주에 관한 난해한 독백을 이어갔다. 다행히 자동 번역기는 제구실하기 시작했다.

"…… 그래! 이제 우주 탄생의 순간에 대해서 알아낸 것이다!

처음, 에너지의 요동이 일어난 것이다!

수많은 가짜 진공의 거품들이 태어났다 금방 사라지고,

태어났다 금방 사라지고, 태어났다 금방 사라지고……,

그러던 중 어느 하나가 10^{-43}초가 훨씬 넘도록 사라지지 않았다!

온도가 절대온도 10^{32}도나 되는 것이.

바로 옆에 있던 또 하나의 거품은 바로 빅 크런치로 사라져버렸으나

그 거품은 10^{-35}초가 지나도록 사라지지 않았다.

드디어 우주가 하나 탄생한 것이다!

이리하여 온도가 절대온도 10^{27}도까지 떨어지자

거품 여기저기서 가짜 진공이 진짜 진공으로 변하는 상전이가 시작됐다.

그리고 그 부분들은 마구 부풀어 올라 떨어져 나가기 시작했다.

떨어져 나간 부분에서 또 떨어져 나가고, 떨어져 나간 부분에서 또 떨어져 나가고……,

그중 하나는 우리 우주가 된 것이다!

우리 우주는 10^{-24}초가 지나도록 인플레이션을 한 끝에 크기가 10^{30}배나 커졌다.

인플레이션 후 남은 에너지는 렙톤과 쿼크를 그들의 반입자와 함께 만들었다……."

여기까지는 그래도 청소년들이 즐겨 부르는 랩음악을 듣는 기분으로 필사적으로 따라왔지만 더는 무슨 말인지 도저히 알아들을 수가 없어 듣는 것을 포기했다. 아내는 다시 잠이 들었다. 오페라가 장중한 피날레와 함께 막을 내리자 객석에서는 우레와 같은 박수가 터져 나왔다. 객석의 조명이 다시 밝혀지고 배우들과 오케스트라의 인사가 끝나자 로렌츠 특급에서 낯이 익은 물리학자 브라운 교수가 무대 위로 올라와 마이크를 잡았다.

"여러분, 이 어려운 오페라를 끝까지 감상해 주셔서 정말 감사합니다. 여러분들 중에서 일부는 로렌츠 특급이나 아인슈타인 산봉우리에서 저를 만나셨습니다. 물리학 교수 브라운 인사드리겠습니다."

객석에서는 반가움의 박수가 터져 나왔다. 박수 소리가 어느 정도 가라앉자 브라운 교수는 말을 이었다.

"방금 여러분이 감상하신 오페라가 처음에는 쉬웠지만, 차츰차츰 어려워져서 나중에는 상당히 어려워졌습니다. 이해를 많이 못 하셨더라도 실망하시지 말기 바랍니다. 이 오페라를 다 이해할 수 있는 사람은 우주론가들밖에 없으니까요. 그래서 제가 몇 가지 보충 설명을 짧게 해드리려고 나왔습니다. 첫째로, 아까 주인공이 노래한 10^{-43}초가 얼마나 짧은 시간인지 아십니까? 0.00000000000000000000000000000000000000000001초를 말합니다. 아이고, 숨차!"

객석에선 웃음이 터져 나왔다. 짧게 한다던 브라운 교수의 설명은 밤늦도록 이어졌다. 브라운 교수가 설명을 길게 해서가 아니라 사람들의 질문이 많아서였다. 우리 부부는 곧 호텔로 돌아왔지만, 나중에 들은 이야기로는 그 날 밤 토론이 새벽 2시까지 이어졌다고 한다! 대단한 관광객들이다.

테마파크 블랙홀

셋째 날 오전 우리는 쾌속선 편으로 은하의 섬 호일 시로부터 별의 섬 슈바르츠실트시로 이동했다. 섬의 맞은편 호킹시와 커시 사이에 유명한 테마파크 블랙홀이 있었다. 슈바르츠실트 시에서 테마파크 블랙홀까지는 로렌츠 특급하고 비슷하게 생긴 기차 에딩턴 특급을 타야만 했다.

에딩턴 특급에 오르니 칠판만 달랑 있던 로렌츠 특급과는 달리 흰 화면이 전면 중앙에, 그리고 옆에는 작은 칠판이 있었다. 브라운 교수와 똑같은 복장을 한 흑인 윌스 교수가 미소를 지으며 우리를 기다리고 있었다. 윌스 교수는 블랙홀에 대해 이것저것 안내를 하기 시작했다.

"대학에서 물리학을 공부한 사람도 아인슈타인의 업적을 제대로 알지 못하는 사람이 많아서 $E=mc^2$이 아인슈타인 업적의 대부분을 차지하는 것으로 잘못 알고 있습니다. 아인슈타인의 상대론에는 특수상대성이론과 일반상대성이론 두 가지가 있습니다. 이름으로 봐서는 특수상대성이론이 일반상대성이론보다 훨씬 더 어려워 보이지만 실제로는 정반대여서, 특수상대성이론은 '특수한' 경우에만 적용되고 일반상대성이론은 '일반적으로' 적용되는 이론입니다. 공식 $E=mc^2$은 특수상대성이론의 결과로 나오는 것입니다. 아인슈타인은 1905년 특수상대성이론을 발표하고 나서 10년 후인 1915년 다시 일반상대성이론을 발표합니다. 이 이론의 의미는 수학적으로 꽤 복잡한 이 방정식 하나에 모두 함축돼 있습니다."

화면에는 다음과 같은 수식이 나타났다.

$$R_{\mu\nu} - \frac{1}{2} R g_{\mu\nu} = \frac{8\pi G}{c^4} T_{\mu\nu}$$

윌스 교수의 설명이 이어졌다.

"여기서 c는 광속, G는 중력 상수이고, 나머지는 모두 수학 기호들입니다. 아인슈타인이 이 방정식을 발표한 지 바로 이듬해가 되는 1916년 독일의 슈바르츠실트는 이 방정식을 회전하지 않는 둥근 천체에 관해 풀었습니다. 그래서 그 답을 슈바르츠실트 풀이라고 부릅니다. 슈바르츠실트 풀이가 맞는다면 해 바로 주위를 지나는 빛은 중력 때문에 빛이 각도로 약 1,800분의 1도만큼 휘어야 합니다. 이에 관해서는 연극 뉴턴과 아인슈타인에서 들으신 바 있지요? 그뿐 아닙니다. 만일 해가 점점 더 작아진다면 중력이 강해지므로 휘는 각도는 점점 더 커집니다. 그리고 마침내 반지름이 슈바르츠실트가 구한 이 값에 이르면 빛은 휘는 정도가 아니라 아예 빨려들어가야 합니다. 그래서 이 값을 슈바르츠실트의 반지름이라고 합니다."

화면에는 다시 다음과 같은 수식이 나타났다.

$$R_S = \frac{2GM}{c^2}$$

"여기서도 c는 광속, G는 중력 상수이고 M은 천체의 질량입니다. 즉 어떤 천체의 반지름이 R_S 값을 가지면 오늘날 우리가 말하는 블랙홀이 되는 것입니다. 우리 해의 경우는 반지름이 얼마가 될 때 블랙홀이 되는지 한번 계산해 볼까요? 자, 겁먹지 마시기를 바랍니다. 길이 단위로 cm, 질량 단위로 g을 사용하면 $G \simeq 6.7 \times 10^{-8}$이 됩니다. 그리고 광속 c는 초속 300,000km, 즉 초속 3×10^{10}cm가 되지요."

윌스 교수는 옆에 있는 보조 칠판에 적어가며 설명하기 시작했다.

"해는 질량이 약 2×10^{33}g입니다. 따라서 슈바르츠실트 반지름을 계산해 보면,

$$R_S \simeq \frac{2 \times 6.7 \times 10^{-8} \times 2 \times 10^{33}}{(3 \times 10^{10})^2} = \frac{26.8 \times 10^{25}}{9 \times 10^{20}} \simeq 3 \times 10^5$$

이므로 반지름 3×10^5cm, 즉 반지름이 3km가 되면 블랙홀이 됩니다. 여러분, 이 정도의 계산은 모두 할 줄 아시죠? 시험 보고 오신 분들이니 까…….”

사람들은 고개를 끄덕였다. 아내는 나를 물끄러미 바라보았다. 마치

'당신 저거 알아?'

하는 투였다.

'저 정도는 나도 알아. 이 웬수야.'

나는 눈으로 자신 있게 대답했다. 야자수들이 에딩턴 특급의 창가를 휙 휙 스쳐 지나가는 가운데 윌스 교수의 강의는 계속됐다.

“하지만 당시 이 주장을 이해하고 믿는 사람은 손가락으로 꼽을 수 있을 정도였습니다. 왜 이렇게 사람들은 블랙홀에 냉담했을까요? 그 이유는 바로 이 크기에 있었습니다. 해를 반지름이 3km가 되도록 수축시키는 일이 불가능해 보였기 때문입니다. 왜냐하면 이것은 우리 지구를 반지름 약 9mm가 되도록, 즉 사람 손톱만 하게 수축시키는 것과 같은 일이기 때문입니다. 정말 믿어지지 않지요? 어디 한번 볼까요? 우리 지구의 질량은 약 6$\times 10^{27}$g입니다. 따라서 슈바르츠실트 반지름을 조금 전과 똑같이 구해 보면,

$$R_S \simeq \frac{2 \times 6.7 \times 10^{-8} \times 6 \times 10^{27}}{(3 \times 10^{10})^2} = \frac{80.4 \times 10^{19}}{9 \times 10^{20}} \simeq 0.9$$

즉 9mm가 되지요. 어쨌든 이리하여 블랙홀은 물리학계, 천문학계의 '미운 오리 새끼'가 돼 잊혀져 버렸습니다.

영국의 천문학자 에딩턴이 지휘하는 아프리카 개기일식 관측 팀이

1919년 해 주위에서 빛이 휜다는 사실을 증명해냈어도, 블랙홀에 대한 태도는 전혀 변하지 않았습니다. 즉 이론이 맞는 것은 인정하지만 블랙홀은 극단적이고 상상 속 존재일 뿐 실제로 자연에 존재하는 것은 아니며, 자연에 존재하지 않으면 과학의 대상이 될 수 없다는 논리가 팽배했던 것입니다."

"그럼 지금은 상황이 어떻습니까? 블랙홀은 과연 있는 겁니까?"

항상 질문이 많았던 흑인 신사의 목소리가 들렸다. 윌스 교수는 반색하며 답했다.

"있다마다요! 있어도 여러 종류가 있어야 합니다. 세계 각국의 거대한 천체 망원경들은 대부분 은하의 중심에 질량이 해보다 백만 배에서 십억 배에 이르는 거대한 블랙홀들이 숨어 있다는 사실을 알아냈습니다. 이것들은 크기가 얼마나 될까요?"

사람들이 대답이 없자 윌스 교수는 말을 이었다.

"이건 아주 계산이 쉽습니다. 슈바르츠실트의 반지름은 질량에 비례했지요? 따라서 우리 해와 같은 질량을 갖는 블랙홀의 반지름이 3km니까, 우리 해보다 1억 배 더 무거운 블랙홀의 반지름은 3억 km가 되는 겁니다. 3억 km는 얼마나 먼 거리일까요? 참고로 1억 5천만 km는 천문학에서 아주 유명한 거리입니다. 어디서부터 어디까지가 1억 5천만 km가 될까요?"

윌스 교수가 묻자마자 항상 답변을 잘했던 백인 소년이 똑똑한 목소리로 대답했다.

"해로부터 지구까지의 평균 거리입니다. 즉 지구 공전 궤도의 반지름이지요."

"맞았습니다!"

윌스 교수는 전혀 예상치 못했던 듯 반가움에 소릴 질렀다. 브라운 교수가 그랬던 것처럼 소년의 머리를 쓰다듬어 준 윌스 교수는 다시 물었다.

"그러니까 해보다 1억 배 더 무거운 블랙홀의 반지름은 대략 지구 공전 궤도 반지름보다 두 배나 더 큰 것입니다! 화성 공전 궤도보다 더 크지요! 자, 마지막으로 하나, 이렇게 거대한 블랙홀의 평균 밀도는 얼마나 될까요?"

"어마어마하겠지요."

누군가의 답변에 장내는 웃음바다가 됐다. 윌스 교수는 입가에 엷은 미소를 띤 채 되물었다.

"과연 그럴까요?"

아무도 말이 없자 윌스 교수는 다시 칠판에 써가며 설명하기 시작했다.

"이 거대한 블랙홀들의 질량을 부피로 나누면 그 값은 믿거나 말거나 물 정도밖에 되지 않습니다. 실제로 우리 해 질량의 1억 배, 즉 $2\times10^{33}\times10^8=2\times10^{41}$ g을 반지름이 3억 km, 3×10^{13}cm인 구 부피로 나누면

$$\frac{2\times10^{41}g}{\frac{4}{3}\pi(3\times10^{13}cm)^3}\sim1.8g/cm^3.$$

즉 물의 밀도 정도밖에 되지 않습니다!"

에딩턴 특급이 호킹시를 지난 지 20분쯤 됐을 때 갑자기 주위가 캄캄해져 아무것도 보이지 않았다. 옆에 앉아 있던 아내는 놀라 비명을 질렀다. 그러자 여성 승무원의 안내 방송이 스피커에서 흘러나왔다.

"손님 여러분, 지금부터 에딩턴 특급은 우주공간을 날아갈 것입니다. 안전띠를 착용하시기 바랍니다."

우리는 의아해하면서 안전띠를 착용했다. 하지만 잠시 후 눈이 어두움

에 익숙해지자, 그 방송 내용이 무슨 뜻인지 알 수 있었다. 창밖에는 무수히 많은 별이 보석처럼 빛나고 있었다!

"야!"

이 사람 저 사람의 입에서 감탄사가 터져 나왔다. 멀리 붉은 점이 나타나더니 점점 커지기 시작했다. 그러더니 마침내 거대한 붉은 별로 변해 창가로 다가왔다. 고개를 돌려보니 반대쪽 창가에도 똑같은 모습이 전개되고 있었다. 따라서 사람들은 자기가 앉은 쪽의 창문을 내다보기만 하면 됐다.

"블.랙.홀.접.근, 블.랙.홀.접.근······."

갑자기 기계음이 스피커에서 흘러나왔다. 이어서 조금 전 방송된 그 여성의 목소리로 설명이 이어졌다.

"손님 여러분, 창밖에 있는 적색거성 주위를 잘 봐주시기를 바랍니다. 옆에 조그만 것이 달라붙어서 적색거성의 물질을 빨아들이고 있는 것이 보이지요? 그리고 빨려 나온 물질들이 원반을 이루면서 원반 중앙으로 없어지고 있지요? 그 중앙에는 바로 블랙홀이 있답니다."

우리는 황홀한 우주의 모습에 넋이 나가 입을 다물 수가 없었다. 정말 현실과 전혀 구분되지 않는 완벽한 3차원 영상의 세계였다.

가시가 저 꽃에 찔려 가시가 다시 나······,

지금 다가오는 아픔을 즐기며 너의 힘 때문에 한 점으로 오므라든

너의 힘 안쪽의 막대한 힘 때문에 난 저 빛 속으로도 탈출 못 하지······.

그때 스피커를 흘러나온 노래는 뜻밖에도 우리나라 가수 이정현이 부른 블랙홀 노래 'GX 339-4'였다! 가사와 신비한 노래 분위기가 창밖 광경

과 정말 잘 어울렸다!

'우리가 한국에서 왔다는 사실을 절묘하게 이용하네.'

나는 감탄을 금치 못했다. 적색거성과 블랙홀이 멀어지자 다시 기계음이 들려왔다.

"은.하.핵.접.근. 은.하.핵.접.근……."

수많은 별로 이루어진 거대한 구조에서 무언가가 길게 뿜어져 나오고 있었다.

"손님 여러분, 이제 우리는 은하핵 중앙에 있는 거대한 블랙홀을 관광하게 됩니다. 저기 뿜어져 나오는 한 줄기 빛은 제트라고 하는데……."

하지만 안내 방송은 갑자기 중단되고 황급한 기계음이 스피커에서 울렸다.

"긴.급.사.태.발.생! 긴.급.사.태.발.생! 방금 스페이스포트 코스모스에서 대형 폭발사고가 있었습니다!"

폭발 장면이 잠깐 중계됐다.

'저게 우리하고 무슨 상관?'

그러자 열차 안 조명은 갑자기 붉게 바뀌고 듣기 싫은 사이렌까지 울리기 시작했다. 안내 방송을 하던 여성 목소리가 다급하게 나왔다.

"손님 여러분, 큰일이 났습니다! 거대한 블랙홀 중력이 너무 강해 열차가 통째로 빨려 들어가고 있습니다! 아아악!"

에딩턴 특급은 은하핵 중앙을 향해 맹렬히 돌진하고 있었다! 열차가 마구 흔들리기 시작하자 아내는 놀라 나에게 매달렸다. 사람들이 소리를 지르는 바람에 열차 안은 아수라장이 됐다. 하지만 열차가 흔들림을 멈추고 사방이 고요해지자 눈물까지 흘리며 소리를 지르던 아이들도 울음을 그쳤다.

창밖이 갑자기 다시 밝아졌다. 에딩턴 특급이 웅장한 테마파크 블랙홀 역에 도착한 것이었다. 누군가 "속았다!" 하고 외치는 바람에 비로소 모두 제정신이 들었다.

"완전히 속았네! 아이 약 올라!"

아내도 한마디 했다. 윌스 교수가 다시 나타나 유쾌한 작별 인사를 했다.

"자, 여러분, 테마파크 블랙홀에 도착했습니다. 스페이스포트 코스모스 폭발 뉴스는 가짜였습니다. 남은 시간 재미있게 보내시기를 바랍니다."

맛있는 점심을 먹고 오후 내내 테마파크 블랙홀에서 신나게 놀았다. 나는 영화 '스타워즈' 제국의 기지 '죽음의 별'을 폭발시키는 3차원 게임에 시간 가는 줄 몰랐다.

아내와 휴게소 야자 그늘 속 테이블에 앉아 선글라스를 벗고 음료수를 마시고 있는데 누군가 내 어깨를 '탁' 치는 것이었다. 깜짝 놀라 돌아보니 친구 선우였다.

"야! 너, 여기 웬일이냐?"

"나? 교사 연수 왔어, 너는 놀러 왔니? 안녕하세요, 제수님."

선우는 고등학교 과학 교사였다.

"이 녀석은 형수를 꼭 제수라고 불러. 그건 그렇고 교사 연수라니?"

"과학 교사들은 단체로 시험을 보고 비행기도 아예 전세를 내서 와. 야, 여기 너무 좋지?"

선우는 의자에 걸터앉았다.

"여기서 교사 연수도 하니?"

"여기 와서 연수받는 게 과학 교사는 물론 일반 교사들의 꿈이야. 우리

는 관광객들하고 약간 다른 코스를 돌거든. 우선 비행기에서부터 끝내줬어. 밤 비행기에서 불을 다 끄고 별자리를 공부하니까 정말 멋있더라. 포도주까지 한잔하니까 이건 뭐 처음부터 완전히 우주여행이야. 스튜어디스가 엄청나게 재미있는 천문학 강의를 했는데, 알고 보니까 천문학 박사였어. 아예 교사 연수를 전문으로 맡은 코스모스 항공 직원이야…….”

선우는 침을 튀기며 교사 연수에서 배운 내용에 관해 설명했다. 듣고 보니 교사들 프로그램은 일반 프로그램보다 내용은 어렵지만 더욱 흥미로웠다. 파크 안에서도 우리는 가 보지 못한 중성자성, 백색왜성 코스를 다녀왔다고 자랑했다. 그 얘기를 듣고 나니 나도 교사가 될 걸 하는 생각이 들었다.

만일 내가 서울에서 선우를 만나 그런 얘기를 들었으면 과학 얘기는 그만하고 증권 얘기나 하자고 당장 입을 막았을 것이다. 아내도 하품 한 번안 하고 경청한 것을 보면 이야기가 재미있는 것은 분명했다.

셋이서 1시간은 얘기했을까, 선우가

“아이고, 자유시간이 다 끝났네. 자, 그럼 한국에서 보자.”

하며 급히 일어나는 바람에 우리도 일어섰다. 오후 4시, 햇볕은 아직도 따가웠다.

“여보, 우리 저기로 해수욕하러 가자.”

아내가 파크 해변 쪽을 가리키며 말했다. 그러고 보니, 그쪽은 여러 놀이기구가 갖추어진 해수욕장으로 개발돼 있었다. 일정에 쫓겨 그때까지 해수욕 한번 제대로 못 했던 우리는 얼른 발길을 해변으로 돌렸다.

그날 저녁 파크 복판에 있는 퀘이사 호텔에 여장을 푼 우리는 저녁 식사 후 거대한 규모를 자랑하는 호텔 오락장으로 향했다. 호화롭기 그지없는 호텔 오락장은 완벽한 아이들의 천국이었다. 하지만 아이들 오락장은 층이 달라서 어른들은 아이들의 방해를 전혀 받지 않게 돼 있었다. 오락장 입구에서 서로 헤어지는 부모와 아이들 얼굴은 기대감과 행복감으로 가득 차 있을 뿐 헤어짐의 아쉬움 같은 것은 전혀 찾아볼 수가 없었다.

우리는 화려한 카지노에서 슬롯머신을 즐겼다. 슬롯머신은 세로 세 줄로 나오는 여러 천체의 무늬가 모두 같으면 돈을 주는 오락 기계다. 우리가 코스모스 군도를 여행하면서 처음으로 자기 돈을 내야 했다. 슬롯머신들은 여행자 카드를 꽂아야만 작동하게 돼 있었다.

한 시간이 지났을 무렵 우리는 돈을 많이 잃어 잔뜩 화가 났다. 특히 주위 사람들은 돈을 잘 따는데 우리만 잃는 것 같아 더욱 화가 났다.

'그러면 그렇지, 관광객들로부터 돈을 이렇게 긁어모아 코스모스 군도를 유지하는구나.'

나는 심한 배신감마저 느끼게 됐다. 그때 갑자기 아내가 비명을 질렀다. 정신을 차리고 보니 슬롯머신의 창에 세 개의 나선 은하가 나란히 나와 있었다!

"우와!"

나와 아내는 너무 기쁜 나머지 서로 덥석 끌어안았다. 그때까지 기껏 토성 세 개 나란히 나온 것 말고는 이렇다 할 실적을 올리지 못하던 터였다. 나선 은하 세 개로 한꺼번에 딴 돈이 여행 경비의 절반은 됐다. 카지노 매니저로 보이는 인상 좋은 백인 중년 남자가 미소를 띠고 다가와 윙크하며 말했다.

"이만큼 따셨으면 더 이상 게임을 하실 수 없습니다. 이제 그만하시고 조금 쉬다가 8시부터 14층 대강당으로 가서서 '별의 진화' 강좌를 들으세요."

우리는 매니저의 충고를 따르기로 했다. 그리고 딴 돈을 카드에 입력시키지 않고 현금으로 바꾸기 위해 쿠폰을 가지고 환전소로 갔다. 그런데 환전소에 줄 서 있는 관광객들 모두 얼굴에 웃음꽃들이 활짝 피어 있었다! 순간 매니저의 윙크가 뇌리를 스쳤다.

"또 속았구나!"

어렴풋이 모든 것을 이해한 내 입에서 나도 모르게 새어 나온 말이었다. 그때까지도 눈치를 못 챈 아내는 자기가 원래 재수가 좋은 여자라는 둥 말도 안 되는 얘기를 꺼내기 시작했다.

외계생명체의 섬

마지막 날의 아침이 밝았다. 드디어 우리 부부의 3박 4일 코스모스 군도 여행도 종지부를 찍게 된 것이었다.

아침 식사를 마치자마자 우리는 대형 헬리콥터 편으로 외계생명체의 섬으로 갔다. 하늘에서 내려다본 외계생명체의 섬은 스필버그(Spielberg) 감독의 영화 'ET'에 나온 외계인의 머리와 똑같은 모습을 하고 있었다. 주위 산호초와 야자 숲이 우뚝 솟은 세이건(Sagan) 산을 감싸고 있는 모습이 너무 아름다웠다. 헬리콥터는 우리를 세이건 산꼭대기에 내려놓았다.

여행 안내자는 우리를 제일 먼저 세이건 기념관으로 안내했다. 천문학에 꽤 관심이 있던 나도 세이건을 단순히 '코스모스'라는 책 저자 정도로만 알고 있었다. 하지만 세이건 기념관을 둘러보고 나서 깨달은 것은 그가 실력 있는 천문학자요 훌륭한 지도자였다는 사실이다. 그의 연구 목적은 생명의 기원에 관한 수수께끼를 우주적인 관점에서 풀어 보고 외계생명체의 존재를 증명하는 데에 있었다. 그리하여 그는 NASA에서 보낸 주요 우주 탐사선 계획에 관여하면서 많은 업적을 남겼다.

외계생명체 탐색 코너에는 진보된 문명을 가진 외계생명체가 보낼지도 모르는 가상의 신호를 수신하기 위해 천문학자들이 전파 망원경으로 탐색하고 있는 세티(SETI, Search for Extra-Terrestrial Intelligence) 프로젝트가 잘 안내돼 있었다.

화성 코너에는 왜 인류가 그렇게 화성을 짝사랑해왔는지, 즉 왜 화성에는 생명체가 존재한다고 믿었는지 잘 소개돼 있었다. 알고 보니 화성이 인류의 관심을 끌어온 이유는 무엇보다도 화성이 여러 면에서 지구와 비슷하기 때문이었다. 화성의 하루는 약 24시간 40분으로 우리 지구의 경우보다 겨우 40분밖에 차이가 나지 않을 뿐 아니라 공전궤도면에 대한 자전축의 경사각도 24도로 우리 지구의 경사각 23.5도와 놀라우리만큼 비슷하다. 또한 희박하나마 대기도 존재하고 4계절의 변화가 지구에서 관측되기도 한다는 것이었다.

이탈리아의 천문학자 스키아파렐리(Schiaparelli)는 1877년 화성을 관측한 결과 약 40개의 줄무늬를 관측했다고 발표했다. 당시 그는 이탈리아어로 자연적 수로를 의미하는 말 'canali'로 그 무늬들을 불렀다고 한다. 하지만 이 말이 영어로 번역되면서 'canals', 즉 100% 인공 운하로 둔갑해 나중에 일이 재미있게 됐다고 한다. 미국의 천문학자 로웰(Lowell)은 '화성의 운하'를 연구하기 위해서 애리조나(Arizona)주에 로웰 천문대를 세웠다.

"당신 알아? 로웰은 조선 말기 우리나라를 방문한 적도 있고 '고요한 아침의 나라'라는 말을 최초로 사용한 사람이라는 거."

"정말?"

내가 묻자 아내는 존경스러운 눈빛과 함께 되물었다.

"The Land of Morning Calm, 교양인이라면 이 정도는 알아야지."

TV 채널을 마구 돌리다가 천문학 강좌에서 우연히 듣게 된 사실을 잘 써먹었다. 로웰은 해왕성 밖의 새로운 행성을 찾는 일에도 매우 강한 집념을 보였지만 끝내 뜻을 이루지 못하고 세상을 떠났는데, 톰보우(Tombaugh)가 1930년 바로 로웰 천문대에서 명왕성을 발견해 로웰의 한을 조금이나마 풀어주게 됐다고 기념관에 잘 소개돼 있었다.

기념관 한 모퉁이를 돌아서자 갑자기 거대한 문어처럼 생긴 흉측한 외계인이 우리를 향해 붉은 빛줄기를 발사했다. 깜짝 놀라 주위를 둘러보니, 그곳은 웰스(Wells)의 SF 거작 '우주전쟁(The War of the World)' 코너였다. 그곳에는 '화성인의 침공'을 다룬 여러 SF 영화들도 소개되고 있었다.

세이건 산 중국 식당에서 점심을 마친 우리는 모노레일을 타고 스필버그시로 내려갔다. 외계생명체의 섬에는 2개의 도시가 있었는데 바로 스필버그시와 루카스(Lucas)시다. 유명한 외계생명체 영화감독들 이름이다. 우리의 3박 4일 여정에 스필버그시의 방문만 포함돼 있을 뿐 루카스시 방문은 빠져 있었다. 하지만 스필버그시에도 거대한 테마파크가 있어 실망할 필요는 없었다. 오후 내내 신나게 놀다 보니 어느새 저녁이 됐다. 이제 코스모스 군도를 떠날 시간이 된 것이다.

아내가 악보를 하나 보여주며 말했다.

코스모스 군도의 달빛

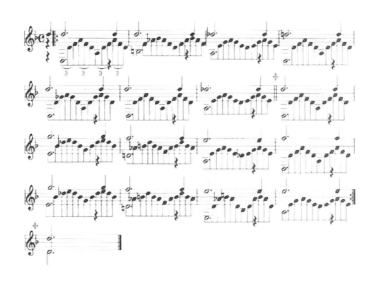

"아까 카페에서 쉴 때 나온 피아노 변주곡 악보야. 난 이런 곡이 있는 줄 몰랐네. 내 다음 콘서트에서 한번 연주해 볼까?"

"아, 잔잔하고 듣기 좋았던 거? 제목이……."

"코스모스 군도의 달빛."

"우리는 여기 왔으니까 알았지. 귀국해서 한번 연주해 봐. 반응 좋을 것 같은데."

마침내 스필버그시 공항에서 귀국 비행기에 올라탔다.

"당신은 뭐가 제일 기억에 남아?"

옆에 앉은 아내에게 내가 묻자 아내는 주저함이 없이 대답했다.

"그야 슬롯머신에서 은하 3개가 나란히 나왔을 때가 제일 기억에 남지!"

사실 나도 그랬지만 나는 고상한 척했다.

"나는 허블 천문대에서 들은 BB 우주론과 CC 우주론 이야기가 제일 재미있었어."

"BB 우주론이 뭐고 CC 우주론이 뭔지 알아?"

아내가 묻자 나는 순간 당황했다. BB 우주론이 Big Bang 우주론이라는 것 말고는 전혀 기억이 나지 않는 것이었다!

"아, 아냐! 생각해 보니까 연극 '뉴턴과 아인슈타인'이 더 재미있던 것 같아."

하고 말을 돌리자 아내의 날카로운 질문이 이어졌다.

"그래, 뉴턴 중력이론과 아인슈타인의 중력이론 차이점이 뭐야?"

"……."

내가 아무 대답도 못 하자 아내가 말했다.

"뉴턴의 중력이론에서는 천체가 낙하하는 물체를 잡아당긴다고 생각하는 거고, 아인슈타인의 중력이론에서는 천체가 휘어놓은 시공간으로 물체가 들어가는 거잖아."

나는 결혼 후 아내에게 그렇게 놀라 본 적이 없었다.

"아, 아니! 당신한테 이런 면이?"

"당신은 그것도 이해 못 했어? 여태 헛관광했잖아."

아내의 핀잔에 넋이 나간 나는 정신을 가다듬기조차 힘들었다. 아내가 창밖을 향해 고개를 돌리고 키득키득 웃기 시작했다. 아내 앞에 놓여 있던 여행 안내서를 보니, 거기에는 이번 여행에서 배운 과학적 지식이 전반적으로 잘 정리돼 있었다!

'그러면 그렇지! 아, 이 웬수에게 당하다니⋯⋯.'

아내가 다시 고개를 돌려 나를 바라보며 말했다.

"여보, 우리 내년에 여기 꼭 다시 오자. 돈 많이 벌어, 알았지?"

"알았다니까, 몇 번이나 약속해야 해!"

블랙홀로
홀인원 하는 걸
너무 좋아하셔.

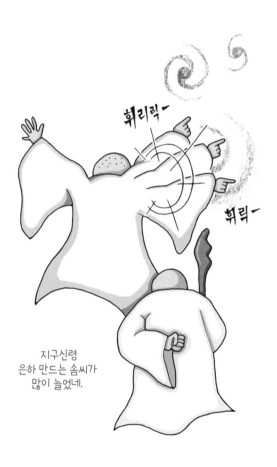

아, 잊기 전에. 코스모스 군도 여행에 나온 노래들은 '박석재의 천문&
역사 TV'에 일부 나와. 그 채널에는 별게 다 있어.

사실 나도 처음으로 훈장 노릇을 해서 무척 힘들었어. 정말 최선을 다
했지. 다행히 스승님께서도 교재를 잘 만들었다고 칭찬해 주셨어. 나는 또
맞을까 봐 아예 스승님 지팡이를 들고 있었는데……

스승님 기분이 좋아지셔서 같이 혜성 드라이브도 갔어.

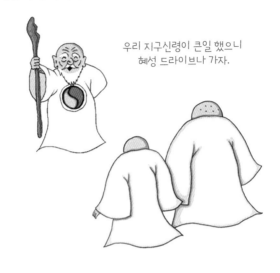

우리 지구신령이 큰일 했으니
혜성 드라이브나 가자.

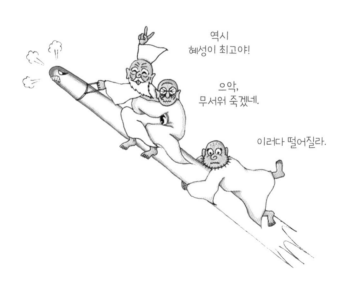

역시
혜성이 최고야!

으악,
무서워 죽겠네.

이러다 떨어질라.

어쨌든 그동안 책 읽느라고 수고했어, 우선 졸업장을 먼저 줄게!

졸업장

성명 :   주민등록번호 :

위 학동은 우주학당 '블랙홀과 우주론'
과목을 이수했음을 증명함

담당 훈장 지구신령 (인)
총장 우주신령 (인)

위 졸업장 빈칸에 빠짐없이 기록한 후 휴대전화기에 보관하거나 코팅해서 지갑에 넣고 다녀. 이 졸업장을 제시하면 아래와 같이 크고 작은 특전을 누릴 수 있어.

- 코스모스 군도 여행권 50% 할인

- 우주학당 주최 우주여행 행사 때 우주선 무료 승선

- 누가 블랙홀이나 우주론 엉터리로 얘기할 때 쉽게 제압

- 우주학당 다른 과목 수강 허가

- 저자에게 제시하면 가격 1,000원 한도 음료수 1회 제공

내 생각에는 제일 마지막 것이 가장 큰 특전 같아. 그런데 저자 블랙홀

박사가 진짜로 사 줄까? 끝으로 기념사진 하나. 옛날 꿈돌이 랜드라는 곳에 놀러 갔다가 블랙홀 박사를 특별히 만나줬지. 그때는 그 양반 머리도 덜 빠졌었는데…….

지구신령

내 초등학교 시절, 그러니까 1960년대, 대전의 유등천과 갑천은 물고기들의 천국이었다. 여름이면 밤이 늦도록 허리를 구부리고 신나게 물고기를 잡는 것이 일과였다. 그러다 보면 아파서 허리를 펴야 하고, 허리를 펴면 여름철 남쪽 하늘의 은하수가 보석 같은 별들과 함께 아이맥스 영화 장면처럼 눈앞에 펼쳐졌다. 그리하여 나는 초등학교 저학년 때 일찌감치 '별 내림'을 받게 됐다.

이후 '별이 씌운' 나는 단 한 번도 다른 직업을 생각해 본 적이 없었다. 초등학교 시절에는 집 뒤편의 장독대에 올라가 별을 봐 어른들에게 '애가 청승맞다' 같은 말을 듣기도 했다. 너무 일찍 천문학에 뜻을 두는 바람에 열악한 학창 시절이 길게만 느껴졌다. 당시 우리나라 모든 분야가 그랬지만, 마땅히 읽어 볼 책도 없고 학습 망원경도 없었다. 내 학창 시절 이런 책들이 있었다면 얼마나 좋았을까 수없이 메모했다.

책들을 집필하는 동안은 언제나 즐거웠다. 잠이 안 오는 새벽에 생각했고, 연말연시에 출근해 내용을 정리하기도 했으며, 심지어 바둑을 두는 중에도 구상했다. 돌이켜보니 쉬운 책부터 어려운 책까지 20권 가까이 집필했지만 대부분 서점에서 사라졌다. 이 책의 모태가 된 블랙홀 책들만 여기에 정리해 보겠다. 어린이 전용 책들은 빼고.

나는 1987년 박사학위를 받으며 여러 가지 꿈에 부풀었다. 그중 하나가

내가 막 공부한, 따끈따끈한 블랙홀 천체물리학을 빨리 책으로 정리해서 우리나라에 소개하는 것이었다. 그런데 1990년에 호킹을 우리나라에 최초로 초청한 사건이 있었다. 그 덕분에 초청 계열사 국제언론문화사에서 '스티븐 호킹의 새로운 검은 구멍'이라는 책을 내놓을 수 있었다.

출판사에 가면 '블랙홀 박사 오셨네', 부르는 바람에 오늘날까지 애용하는 별명이 생겼다. 처음으로 선보인 우주신령과 제자들 만화가 이 책 '블랙홀과 우주론'에 고스란히 나온다. 그러니까 한마디로 30년도 넘은 만화들이다. 1995년 김영사에서 출판한 '재미있는 천문학 여행'에도 일부 블랙홀 내용을 집어넣었다.

'스티븐 호킹의 새로운 검은 구멍'을 내기 직전인 1988년 서울대 현정준 교수님께서 호킹의 '시간의 역사'를 번역하시면서 블랙홀을 검은 구멍이라고 부르는 바람에 나도 책 이름에 검은 구멍이라고 했다. 같은 값이면 우리 말을 사용하자는 생각에서 그랬지만, 문제는 사람들이 검은 구멍이라고 하면 그게 뭐냐고 반드시 되묻는 것이었다. 심지어 "호킹이 그 몸에 또 구멍이 났어요?" 묻는 사람도 있었다. 블랙홀 책이 졸지에 의학 서적으로 둔갑했다.

여기서 나도 고집을 버리고 1996년에 예음(국제언론문화사 후신)에서 개정판 '스티븐 호킹의 새로운 블랙홀'을 내게 됐다. 초판과 개정판 합해 약 4만 권이 판매되는 바람에 나는 정말 행복했다. 하지만 1998년 IMF 때문에 예음이 문을 닫으며 내 책들이 점차 사라졌다. 나에게 정말 큰 좌절감을 줬던 일이다.

우리나라 서점에 블랙홀 책이 반드시 한 권은 꼭 있게 하는 것이 나의 사명이라고 생각했던 나였다. 그러던 중 기회가 왔다. 김영사 '앗 시리즈'에 2001년 '블랙홀이 불쑥불쑥'으로 참가할 수 있게 됐다. 이 책이 100,000권 가까이 팔리면서 나는 명실공히 사람들이 기억하는 '블랙홀 박사'가 됐다.

하지만 '블랙홀이 불쑥불쑥'에는 상대적으로 가벼운 내용만 있어서 '스티븐 호킹의 새로운 블랙홀'을 대폭 보강해 2005년 휘슬러 출판사에서 '아인슈타인과 호킹의 블랙홀'을 내게 됐다. 이 책에 '코스모스 군도 여행'이 최초로 소개됐다. 또한 부록에는 우리나라 블랙홀 천체물리학 초창기 역사도 간단히 소개됐다.

내용이 너무 어려웠는지 '블랙홀이 불쑥불쑥'은 승승장구했지만, '아인슈타인과 호킹의 블랙홀'은 맥을 못 췄다. 다행히 '블랙홀이 불쑥불쑥'이 오래 버텨주는 바람에 나는 본격적인 천체물리학 교과서를 집필할 수 있었다. 그래서 '이공대생을 위한 수학특강'이 2014년 보누스에서 나올 수 있었고 2023년 출판사를 동아엠앤비로 옮겨 '우주를 즐기는 지름길'이라는 제목으로 개정판을 낼 계획이다.

이 책은 유일한 내 제자 송유근 군을 가르친 내 강의 노트다. 동아엠앤비에서 2019년 출판한 '하늘의 역사'에 일부 블랙홀 내용을 집어넣으면서 더 이상 블랙홀 책은 안 내는 것으로 생각했다. 그런데 또 문제가 생겼다. 김영사 '앗 시리즈'가 막을 내리며 '블랙홀이 불쑥불쑥'도 서점에서 같이 사라진 것이다.

우리나라 서점에 블랙홀 책이 반드시 한 권은 꼭 있게 하겠다는 내 원칙이 또 깨진 것이다. 블랙홀 박사라는 별명에 부끄럽지 않게 살았다. 그리하여 나는 '스티븐 호킹의 새로운 블랙홀', '블랙홀이 불쑥불쑥', '아인슈타인과 호킹의 블랙홀'은 물론 '재미있는 천문학 여행', '하늘의 역사'까지 총망라하고 장점만 살려 이 책 '블랙홀과 우주론'을 내게 됐다. 그동안 내 책을 꾸준히 사랑해 준 독자 여러분께 감사의 말씀을 드린다.

다행히 블랙홀 천체물리학은 1960~1980년에 거의 다 이뤄지고 이후 기존 틀이 거의 바뀌지 않았다. 하루가 다르게 변하는 전자공학 같은 분야에서는 상상조차 할 수 없는 일이다. 하지만 계속 업데이트해서 만일 블랙홀과 우주론 분야의 근간이 흔들릴 정도로 바꾸는 경우 말고는 개정판이 나오는 일은 없을 것이다.

내가 대학 4학년이던 1979년에 출판돼 큰 도움을 준 사토(Sato)와 마쓰다(Mazda)의 '상대론적 우주론' 책을 소개해 조금이라도 보은하고자 한다. 그 어렵던 시절 귀한 책을 내준 전파과학사에게도 깊은 감사의 말씀 남긴다. 저자 사토는 아기 우주를 주장한 사토와 동명이인이다. 이 책의 내용은 시기적으로 훨씬 더 거슬러 올라가 '골동품적' 가치도 있다. '은하철도 999' 마쓰모토(Matsumoto)가 그린 이 책의 삽화가 나에게 우주신령과 제자들 만화를 그리도록 만들었다고 해도 과언이 아니다. 최근 개정판이 나와 서점에 있다.

독자에게 가장 추천하고 싶은 책은 '인터스텔라의 과학'이다. 쏜(Thorne)이 저자인 이 책은 내가 아는 한 현존하는 최고의 블랙홀 책이다. 이 책에 대해서는 감히 여기서 논평하지 않겠다. 쏜 교수님은 나에게 스승님이나 다름없는 분이다. 미국 텍사스 대학교(University of Texas at Austin) 대학원생 시절 블랙홀에 관한 박사 논문 마무리 단계에서 곤경에 처해 직접 편지로 여쭤봤다. 그러자 그분은 친절한 답장으로 나를 글자 그대로 '살려 주셨다'. 편지를 받은 1987년 말 나는 무사히 박사학위를 받을 수 있었다.

쏜 교수님 내외가 SBS 초청으로 방한하셨던 2015년 5월 19일 저녁 호텔 식당에서 만났다. 교수님 내외와 내가 지도한 송유근 군과 모친이 참석해 환담했다.

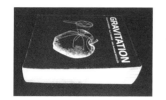

여러 가지 재미있는 얘기가 나왔는데 그 중 하나를 소개하자면 교과서 'Gravitation' 얘기가 나왔을 때다. 이 책은 미스너(Misner), 쏜, 휠러 공저 상대성이론 교과서다. 1973년에 나왔으니 50년이 된 책이지만 아직도 전공자는 꼭 봐야 할 클래식이다. 이는 물론 앞에서 말한 바와 같이 상대성이론이 크게 바뀌지 않았기 때문이다. 중력 교과서들이 대부분 그렇듯 이 책 표지에도 어김없이 사과가 나온다.

이 책 내용이 머릿속으로 들어가라고 내가 여름에 여러 번 베고 잔 적이 있다고 말했다. 특히 책이 전화번호부만큼 두꺼워서 베고 자기 좋았다고 말했더니, 사모님 쏜 여사는 댁에서 이 책을 문 열어 놓을 때 받침대로 사용한다고 해 웃음이 터졌다. 남편과 책을 동시에 갉는 묘수라고나 할까. 교수님 삶도 나만큼 피곤할 것 같았다.

하나 더 소개하자면, 쏜 교수님 내외는 우리나라가 미국과 함께 차세대 25m 망원경 GMT(Giant Magellan Telescope)를 공동제작하고 있다는 사실도 잘 알고 있었다. 내가 한국천문연구원장 때 예산을 확보해서 그 사업을 만든 본인이라고 얘기하자 무척 반가워했다. 그리고 GMT에 대해 상당히 자세히 알고 있었다. 알고 봤더니 당시 GMT 이사장을 맡았던 여성 천문학자 프리드먼(Freedman)이 사모님과 같은 헬스장을 다녔다는 것이다.

프리드먼 입회 아래 2009년 2월 6일 우리나라가 GMT에 참여한다고 서명했던 그 순간을 나는 아마 평생 잊지 못할 것이다. 신라는 첨성대를 세웠고 대한민국은 GMT를 세우는 것이다. 돌이켜 보니 쏜 교수님 내외와 이런 대화들을 나눈 그때가 내 인생에서 가장 행복한 순간 중 하나였다.

그 자리에서 나중에 문제가 된 논문 초안을 보여드렸다. 그 논문은 쏜 교수님의 시간에 따라 변하지 않는(time-independent) 방정식을 시간에 따라 변하게(time-dependent) 만든 것이었다. 교수님은 반색하며 그 자리에서 어떻게 하면 우리 방정식을 컴퓨터로 풀 수 있는지 조언을 주셨다.

그 논문은 미국 저널에 2015년 7월 2일 접수돼서 의외로 빨리, 8월 13일에 통과됐다. 익명의 논문 심사자도 아마 새 방정식만 보고 통과를 바로 결정한 것 같았는데 내가 심사자라도 그랬을 것이다. 최근 데이터나 도표 없이 방정식만 유도해서 논문이 되는 경우는 극히 드물다. 나중에 그 악몽 같은 사건만 없었더라면 송 군은 아마 쏜 교수님의 '손자뻘' 제자가 됐을 것이다.

지금쯤 쏜 교수님 같은 대가가 이끄는 선진국 연구 그룹에 들어가서 박사 후 연수 과정을 밟고 있어야 할 송유근 군을 보면 가슴이 미어진다. 하지만 나는 송 군을 걱정하지 않는다. 제트 방정식을 발견한 오카모토 인생 논문의 공동 저자가 될 만큼 실력을 갖춘 송 군의 미래를 나는 전혀 걱정하지 않는다. 그 논문은 너무 두꺼워 차라리 교과서로 출판하는 것이 나을

듯하다.

　나를 떠난 후 몇 년 날리고, 병역을 마치고, 코로나 때문에 출국을 못하고…… 아까운 세월을 보냈지만 송 군은 아직 젊다. 그동안 학회도 다녀오고 사람들도 만났으니 아마 곧 길을 찾을 것이다.

　이 책 '블랙홀과 우주론'을 송유근 군에게 바친다. 변변치 못한 스승으로서 가르쳐 준 것도 없고 고생만 시켜 항상 미안했다. 우리가 얼마나 억울한지는 '사족'과 '박석재의 천문&역사 TV'를 참고하기 바란다. 이제 성인이 된 송유근 군을 독자들이 계속 격려하고 응원해 주기를 진심으로 바란다.

사족

한국천문연구원장을 지내며 연구기관 기관장으로서 국민을 볼 면목이 없었던 일들이 많았는데 그중 하나가 노벨상 문제다. 물론 누군가 노벨상을 받고 안 받고 그것이 중요한 일은 아니다. 하지만 일본이 과학기술 분야에서 20명 가까이 노벨상을 받는 동안 우리는 1명도 받지 못했다면 그것은 문제가 아닐 수 없다. 이는 우리나라의 장래가 어둡다는 징표이기 때문이다.

그동안 정부, 연구소, 대학도 나름대로 최선을 다했다고 생각한다. 하지만 결과가 그런 것을 어찌 변명하겠는가. 문제는 앞으로도 대한민국 과학자 중에서 노벨상 수상자가 나오는 일이 요원해 보인다는 것이다. 이제 교육 분야에서도 다른 나라에서 시도하지 않는 창의적인 일을 시도할 때다. 글자 그대로 이제 'fast follower'를 벗어나 'first mover'가 돼야 하는 것이다.

이런 생각을 하면서 살던 중 2006년 4월 슈퍼 영재로 알려진 송유근 군을 과학의 달 행사장에서 우연히 만났다. 송 군은 당시 초등학교 3학년 나이로 모 대학에 다니고 있었다. 나는 유근이에게 졸저 '이공대생을 위한 수학특강' 옛날 버전을 선물로 줬다. 그러자 송 군은 그 책이 너덜너덜해지도록 읽었다. 이를 기특히 여긴 나는 2006년 여름방학 동안 그 책을 교재로 송 군을 직접 가르쳐 줬다. 송 군은 10번에 걸쳐 한국천문연구원이 있는 대전에 꼬박꼬박 내려와 수업받았고 마치 스펀지가 물을 빨아들이듯 지식을 흡수해댔다. 이런 일이 인연이 돼 송 군은 3년 뒤인 2009년 3월 한국천문연구원 대학원 과정에 입학해 내 제자가 됐다. 송 군을 3년이나 지켜본 뒤 데려왔다.

송유근 군 때문에 나를 선행학습 지지자로 오해하는 것 같은데 사실은 전혀 그렇지 않다. 나는 내 자식들에게 단 한 번도 선행학습을 시킨 적이 없다. 어린이들을 선행학습의 함정에서 구출해 밝은 표정을 갖도록 해야 한다고 생각한다. 하지만 내가 부모들을 면담해 본 결과, 어떤 슈퍼 영재들은 재미없어서 학교 다니기를 싫어하고 아이들로부터 질시를 받아 왕따가 된 경우까지 있었다.

나는 슈퍼 영재교육 문제를 가지고 10년 넘게 고민해 왔다. 우리나라가 앞으로 살아남을 길이 인재 개발에 달려있다는 점을 고려하면 이는 정말 중요한 문제가 아닐 수 없었다. 하지만 사람들은 대부분 슈퍼 영재교육 문제에 반대하고 있다. 사람들은 이 문제를 단 5분도 진지하게 생각해 본 적 없고, 사실 잘 모르고, 괜히 아이만 잡는 것처럼 보이고, 일부는 심술도 조금 있고, 어차피 자기는 상관없어서 반대하고 보는 것이다. 대부분 사람이 부정적으로 생각하는 일을 밀어붙이기란 정말 힘들었다. 그리고 결국 문제가 터졌다.

송유근 군이 나와 함께 쓴 논문이 2015년 7월 미국 저널에 게재됐다. 그런데 그 논문이 2003년 내가 프로시딩, 즉 학술발표문집에 실은 내용과 비슷하다는 것을 알고 인터넷 사이트 회원들이 저널 측에 엄청난 수의 항의 메일을 보냈다. 그러자 150년 역사 초유의 사건에 놀란 저널 측에서 황급히 임시위원회를 열어 2015년 11월 25일 논문을 철회하기에 이르렀고,

송 군의 2016년 박사학위 취득은 물거품이 됐다.

쏜 교수는 2015년 5월 나와 송 군을 직접 만난 자리에서 논문 초안을 보고 반색하며 어떻게 하면 우리 방정식을 컴퓨터로 풀 수 있을까 조언했다. 그리고 2015년 7월 익명의 첫 논문 심사자는 한 달 만에 논문 게재를 승인했다. 이 논문은 블랙홀 전기역학에 관한 것으로 전공자가 세계적으로 10명 남짓한 분야다. 나를 빼더라도, 적어도 그중 2명의 전공자가 인정한 논문이 표절이라고 철회된 것이다. 적어도 다음 두 가지는 분명한 '팩트'다.

첫째, 논문과 프로시딩은 비슷할 수밖에 없지만, 이것 때문에 문제가 된 사람은 세계적으로 송유근 군밖에 없다. 즉 송 군이니까 문제가 됐다. 일반인은 몰라도 프로시딩이 무엇인지 아는 대학원생이면 모두 내 말에 수긍할 것이다. 표절이 사실이라면 내가 어떻게 교수, 박사가 수백 명 있는 시민단체 대한사랑 이사장을 맡고 있겠는가. 논문과 프로시딩이 한 개도 비슷하지 않은 사람 있으면 나와 봐라. 나쁜 전례를 만든 만큼 이제 누구든지 걸면 걸리게 됐다.

둘째, 논문과 프로시딩이 비슷하다고 징계를 받은 사람 역시 세계적으로 나 하나밖에 없을 것이다. 내가 희생돼야 송 군을 살릴 수 있다는 생각에 나는 아무런 저항도 하지 않았고, 바로 2015년 11월 25일 오후 기자회견을 열어, 프로시딩을 참고문헌 목록에서 뺀 것이 내 불찰이었다고 사과 아닌 사과를 했다. 이미 저널 측에서 게재를 철회한 마당에 달리 선택의 여지도 없었다. 화가 난 나는 기자회견에 빨간 넥타이를 매고 나갔다.

사람들은 그저 나란히 펼쳐놓은 논문과 프로시딩이 비슷하다는 형광펜에 선동돼 송 군과 나를 비난하기 시작했다. 한국천문연구원장을 지내며 직원들과 좋은 일만 있었던 것도 아니고, 동료 과학자들의 질투도 늘 받고 산 나였지만 처음 며칠은 정말 힘들었다. 그러니 어린 송 군과 부모는 오죽 했으랴. 여론몰이를 한 번 당해 보니 정말 무서웠다. 일부 과학자들이 여론 몰이에 앞장서는 것을 보고 내가 인생을 잘못 살았는지 수없이 되돌아 보기도 했다.

뉴스가 나가자 마치 정치인이나 연예인 논문표절 사건처럼 다뤄지면서 어른들의 욕심이 애를 망쳤다, 부모가 문제가 있다, 교육이 무엇인지 모른다, 예상된 일이었다⋯⋯ 온갖 비난이 인터넷에 쏟아졌다. 이후 스토커도 몇 명 등장했고, 반성의 기색이 없다며 확인 사살을 시도하는 사람도 있었다. 'First mover'를 기다리고 있던 것은 살벌한 청문회와 가혹한 징계뿐이었다. 징계는 두 곳에서 받았고, 청문회는 여러 곳에서 오라고 했으나 합동 청문회 한 곳만 참석했다. 그랬더니 '우리를 뭐로 보나' 하며 비난했다는 후문이다.

기자회견 당일 '신율의 시사탕탕' TV 프로그램에서 유일하게 패널들이 토론을 벌여, '아무런 문제가 없으니 송 군은 기죽지 말고 더욱 열심히 해라' 결론을 내려줬다. 신율 교수는 '논문하고 프로시딩은 대부분 비슷하다' 엄호했다. 많은 사람이 블로그나 페이스 북에 댓글을 달아 나와 송 군을 끝까지 믿겠다며 위로했다. 이런 일들은 정말 큰 힘이 됐다. 수학을 지도한 이화여대 조용승님과 물리학을 지도한 충남대 박병윤 교수님이 끝까지 같이 남아줬다. 두 분께 감사의 말을 남긴다.

송 군을 지도해서 내가 잃기만 한 것은 아니었다. 꽃길만 걸어온 내가 맷집이 강해졌다고 할까, 요즘은 사단법인 대한사랑 이사장을 맡고 식민사학자들과 잘 싸우고 있다. 옛날에는 평양과 원산을 연결하는 천리장성이 고려 국경이라 배웠고, 나도 그냥 그런 줄 알았다. 하지만 구글 어스로 보면 거기 성 한 개도 없다. 세상에 이런 엉터리 역사가 어디 있는가? 어떻게 나라가 광복된 지 80년이 됐어도 조선총독부 역사를 배우는가? 식민사관을 대한사관으로 대체하지 못하면 대한민국은 'Great Korea'는커녕 비루한 나라가 될 수밖에 없다.

아직도 단군이 신화 속의 인물이라고 생각하는가? 아직도 낙랑군이 북한 평양에 있었다고 믿는가? 아직도 임나일본부가 가야 지역에 있었다고 믿는가?…… 그렇다면 독자도 식민사학에 중독된 것이다. 현재 우리가 학교에서 배우는 조선총독부 역사는 조선시대 이전으로 거슬러 올라가면 문제가 많다고 보면 틀리지 않는다. 나는 단군조선 시대 천문 기록을 바탕으로 신화가 아니라 역사임을 증명하는 등 천문학으로 역사를 바로잡는 일에 매진하고 있다.

나는 왜 평생 남이 하지 않는 일만 하고 살까. 왜 천문학을 공부했고, 왜 송유근 군을 제자로 받았고, 왜 식민사학자들과 싸우고 있는가? 내가 봐도 신기하다. 과학자가 이런 말을 해도 될지 모르겠지만, 팔자라고밖에 해석이 되지 않는다. 곡학아세하지 않고, 옳지 않은 일을 그냥 넘기지 않으며 세상을 사는 것이, 아인슈타인 중력장 방정식 풀기보다 훨씬 더 어려운 것 같다.